建設人ハンドブック 2024年版

建築・土木界の時事解説

日刊建設通信新聞社

JN064133

はじめに

　世界中で猛威を振るった新型コロナウイルス感染症についてWHO（世界保健機関）は2023年5月、緊急事態宣言を終了しました。わが国においても感染法上の分類を「5類」に引き下げたことにより、3年以上にわたって続いたさまざまな制約が解除され、社会は本格的な「アフターコロナ」に突入しました。

　時を同じくして、わが国の建設業界は大転換期に直面しています。まずは2024年問題。時間外労働の罰則付き上限規制の適用を約半年後に控え「待ったなし」の対応が迫られています。また、かつて経験したことのない資材価格の高騰が多くの企業の収益を低下させています。

　一方、コロナ禍はビジネスや社会に大きな変革をもたらしました。その1つが、デジタル化の進展であり、建設業界においてもテレワークやテレビ会議などの導入、加えてAI（人工知能）、建設ロボット、3Dプリンターなどを使った業務の効率化、省人化・省力化を加速させています。

　これらはカーボンニュートラル（脱炭素）社会の実現にも寄与することは間違いありません。ある意味でコロナ禍は、SX（サステナビリティトランスフォーメーション＝持続可能な社会への変革）の到来を早めたとも言えます。

　本書では建設業の「いま」をキーワードとして示しています。みなさまのご理解の一助になれば幸いです。

2023年9月

第5章 建設市場の動向

第6章 災害に備え 立ち向かう

第7章 地方再生・創生への道のり

第 1 章

建設業のSX促す10の施策・動き

01 迫る時間外労働の上限規制

道半ばも求められる意識改革と能力の最大化

改正労働基準法に規定された時間外労働の罰則付き上限規制が、2024年4月から建設業にも適用される。原則として月45時間・年360時間以内とされ、臨時的な特別の事情があって労使が合意する場合でも上限が設定される。違反した場合は6か月以下の懲役または30万円以下の罰金が科される恐れがある。

ただ、日本建設業連合会が22年度に実施した会員企業労働時間調査では、非管理職の22.7%が上限規制の「特例」を超過し、「原則」に至っては59.1%が条件を満たせていなかった。建設業従事者の約半数が上限規制を「知らない」と回答したという民間企業の調査結果も出ている。

こうした現状に建設産業界も危機意識が高まっている。業界を挙げて周知徹底に取り組んでいるほか、公共事業発注者も週休2日モデル工事などを相次いで発注。民間工事に波及させるため中央建設業審議会は「著しく短い工期」の基準を作成し、国土交通省が民間発注者への周知に力を入れている。民間工事の主要発注者である不動産デベロッパーでも、サステナビリティー調達基準を定めるなどサプライチェーンの労働条件に対する意識が高まりつつある。

さまざまな取り組みはあるものの、最も求められているのは、自社の社員の意識改革と能力の最大化、社内・業界構造の変革を同時に進めることだろう。

02 骨太方針と新しい資本主義

投資拡大と賃上げを主テーマに

　政府は、2023年度の経済財政運営と改革の基本方針（骨太の方針）と、新しい資本主義のグランドデザイン・実行計画を閣議決定した。この方針に盛り込まれることが今後の予算編成に大きな影響を与える。今回は「未来への投資の拡大と構造的賃上げの実現」を主テーマに設定した。防災・減災、国土強靱化に向けては、5か年加速化対策の推進とともに、加速化対策後も国土強靱化の取り組みを進めるため、必要な検討を行うとした。

　賃上げについては、労働市場改革や"分厚い中間層"の形成、少子化対策・こども政策などに注力する姿勢を明示した。とくに予算・税制、規制・制度改革を総動員して民間設備投資115兆円の早期実現、民間投資の誘発、地域に質の高い雇用創出、若年層の所得増加を促進するという考えは今後の経済見通しにも影響を与えることになる。国内投資の拡大に向けて、戦略分野に位置付ける半導体、蓄電池、バイオ、データセンターの企業立地を促すため、税制、予算面の支援を検討する。GX（グリーントランスフォーメーション）に向け、太陽光や洋上風力など再生可能エネルギーの導入も拡大する。徹底した省エネの推進、再エネの主力電源化、次世代革新炉への建替の具体化、水素・アンモニアのサプライチェーンの早期構築に10年間で150兆円の官民投資を目指す。

03 持続可能な建設業の環境整備で検討会

長年の商習慣の在り方を見つめ直す

　世界的な物価高の影響を受けた急激な資材価格の上昇や技能者の適切な処遇改善の在り方など、建設業の長年の慣行の中で培われた商習慣の在り方を見つめ直すため、国土交通省は2022年8月に「持続可能な建設業に向けた環境整備検討」を設置し、23年3月に提言をまとめた。

　提言では、目指すべき方向性として、「発注者を含む建設生産プロセス全体での信頼関係とパートナーシップの構築による適切なリスク分担と価格変動への対応」「施工の品質などで競う新たな競争環境の確保による建設業全体のさらなる持続的発展」の2点を提示し、具体策として23項目を列挙した。民間工事の請負契約適正化といった難題にも切り込み、建設産業の新たな方向性を示す内容となった。

　23年5月からは、提言の具体化に向け、中央建設業審議会と社会資本整備審議会の下に設置している基本問題小委員会で議論を開始。資材価格の高騰や、24年4月から建設業に適用される時間外労働の罰則付き上限規制など現下の課題をふまえ、喫緊に対応すべき事項として▷請負契約の透明化による適切なリスク分担▷賃金引き上げ▷働き方改革など——の請負契約関連3項目から議論している。8月をめどに整理する中間取りまとめに具体的な施策を盛り込んだ後、国交省が制度に落とし込む。

請負契約適正化

▼民間建設工事標準請負契約約款（民間約款）の原則的利用の促進▼価格変動に伴う請負代金額の変更を求める条項（民間約款第31条）の契約書への明示▼民間約款第31条の考え方の明示▼見積もりや契約締結前の受注者から注文者に対する情報提供▼受注者による、請負代金の内訳としての予備的経費やリスクプレミアムの明示▼透明性の高い新たな契約手法として、コストプラスフィー方式を選択肢の1つに▼価格変動時における優越的地位の乱用の考え方の明示▼建設業法第19条の3（不当に低い請負代金）違反への勧告対象を民間事業者へ拡大▼勧告に至らなくても、不適当な行為に対する「警告」「注意」などを実施、必要に応じて公表

建設現場における責任の所在や役割の明確化

▼建設生産のプロフェッショナルである受注者として、適正な契約を締結する責務を明示▼書面ベースからICTを活用した現場管理へと移行して施工体制を「見える化」、CCUSの利用の制度化▼現場単位での時間外労働時間の適切な管理▼中長期的な課題として、専門分化して細分化が進んだ状況を踏まえた許可業種の合理化

施工に関する品質の確保

▼技能労働者個人の技能や下請け企業の施工力の見える化による、建設生産物の「質の見える化」▼下請けを含む建設生産プロセス全体での労働条件改善、環境配慮などの情報のディスクローズ▼受注者による、著しく短い工期となる請負契約の制限

賃金行き渡り

▼受注者による「通常必要と認められる原価」を下回る請負契約の制限▼中央建設業審議会による「通常必要と認められる原価」となる労務費の勧告▼賃金行き渡りの観点から、設計労務単価相当の賃金支払いへのコミットメント（表明保証）▼公共工事における賃金行き渡りの前提として、適正な予定価格の設定、ダンピング対策などの実施▼生産性向上に向けた多能工の活用▼閑散期に副業などの形で他社の工事現場において働くためのルールづくり▼建設業の許可が不要とされている軽微な建設工事の請負に係る新たな枠組み

出典：国交省「持続可能な建設業に向けた環境整備検討会」

04 改正国土強靱化基本法が成立

事業計画法定化で加速化対策継続の枠組み構築

　改正国土 強 靱化基本法が、2023年6月に成立した。
改正法の意義は、国土強靱化のための事業計画を法定
化し、「防災・減災、国土強靱化のための5か年加速化対
策」後も投資を続けられる枠組みができたということ
に尽きる。

　議員立法による改正法では、政府が「国土強靱化実
施中期計画」を策定することを法定化した。計画には
期間や国土強靱化施策の内容・目標に加え、とくに推
進が必要な施策はその内容と事業規模を明記する。「国
土強靱化推進会議」の設置も定めた。中期計画案の作
成時に、学識経験者で構成する同会議への意見聴取を
政府に義務付ける。

　これまで、同法では国の強靱化政策の指針となる「国
土強靱化基本計画」の策定を定めていたが、加速化対
策は法的な根拠がなく閣議決定のみで実行されてき
た。改正法の成立によって、政府の計画策定を規定し
たことで、加速化対策に相当する上乗せ分の計画にも
法的な根拠が与えられ、建設業界が最も求めてきた加
速化対策の継続性が担保された。

　加速化対策は全体事業規模15兆円のうち、3年目の
22年度第2次補正予算までに7割近くの約9.6兆円を
措置した。4年目も同等規模だった場合、最終5年目は
大幅な規模縮小が見込まれる。このため5年目に新た
な計画がスタートできるよう準備が始まる。

05 直轄の週休2日 新たな補正検討

中小企業にも目配り、5施策をパッケージ展開

　国土交通省は、時間外労働の罰則付き上限規制が2024年4月から建設業に適用されることをふまえ、24年度から月単位での週休2日を目指す。その実現に向け、23年度から週休2日を標準とした監督・検査対応を行うなど、5つの施策をパッケージとして展開する。

　週休2日の対応を標準化するため、基準類を改定。共通仕様書を改正し、受注者が作成する施工計画書への法定休日と所定休日の記載を義務付ける。土木工事監督技術基準（案）なども改正し、発注者が監督・検査時に受注者の週休2日実施状況を確認するルールを設ける。週休2日達成にともなう工事成績評定の加点措置は取りやめる。

　工期設定のさらなる適正化に向けては、雨休率の算出方法や考え方を見直す。具体的には、「休日」と「天候などによる作業不能日」が重複しないように明確化するとともに、「猛暑日」を工期設定時の考慮に入れる。

　柔軟な休日の設定に向けては、現場閉所型の週休2日工事で、受注者の希望に応じて工期の一部を交代制に変更可能とする取り組みを23年度に試行する。

　経費補正に関しては、月単位で週休2日を達成できている工事に要した費用を分析し、新たな補正措置を23年度に検討する。他の公共発注者と連携した現場一斉閉所の取り組みも広げる。

06 PPP/PFI推進アクションプラン改定

新分野に自衛隊施設集約化・再配置など

　内閣府は、「PPP／PFI推進アクションプラン」を改定した。PFI活用を検討する新たな分野として、既存ダムに水力発電設備を新設・増強するハイブリッドダムや自衛隊施設（駐屯地・基地）の集約化・再配置、漁港施設や水面の有効活用などが位置付けられた。

　アクションプランには、2031年度までの計画期間で具体化する事業件数の目標を明示した。空港、クルーズ船向け旅客ターミナル施設が各10件、公営水力発電が20件、工業用水道が25件、スポーツ施設、文化・社会教育施設、大学施設、公園、MICE（国際的な会議・展示会など）施設が各30件、道路が60件、水道、下水道、公営住宅が各100件となった。

　水道、工業用水道、下水道では、コンセッション（運営権付与）への段階的な移行に向けた官民連携方式「管理・更新一体マネジメント方式」に新たに取り組む。原則10年の長期契約や性能発注などを要件とする。モデル事業形成支援を通じて詳細の枠組みを検討するほか、ガイドライン策定などの環境整備に取り組む。コンセッションと管理・更新一体マネジメント方式を併せた「ウォーターPPP」として導入を進める。

　13の重点分野を所管する各省は、重点実行期間の26年度までの「重点分野実行計画」で事業件数目標の達成に向けた工程を提示。目標の3倍以上となる230件を案件候補に設定した。

07 国交省がBIM/CIMを原則適用

普及の新たな段階、自治体工事などの普及課題

　国土交通省は、2023年4月1日から原則全ての直轄土木業務・工事にBIM／CIMの適用を始めた。生産性向上に向けて不可欠なBIM／CIMの普及が新たな段階に入った。

　対象は、▷測量業務共通仕様書に基づいて実施する測量業務▷地質・土質調査業務共通仕様書に基づいて実施する地質・土質調査業務▷土木設計業務等共通仕様書に基づいて実施する設計業務と計画業務▷土木工事共通仕様書に基づいて実施する土木工事——の4つ。義務項目と推奨項目の2つに分け、「視覚化による効果」を発揮する必要がある場合に3次元モデルを活用する義務項目は、BIM／CIMの経験がない事業者でも取り組める内容とし、原則全ての詳細設計（実施設計含む)と工事に適用する。「3次元モデルによる解析」など、義務項目より高度な活用内容の達成に向けて実施する推奨項目は、業務・工事の特性に応じて行う。今後は、より高度なデータ活用へと適用範囲を順次拡大する方針で、23年度から検討する。

　建設事業の業務の在り方を根本から変革する可能性のあるBIM／CIMの普及に対する期待は高いものの、一方で都道府県と政令市の計67団体でBIM／CIM活用工事を実施している団体数は全体の1割強にとどまる。今後は発注者側の体制不足の解消、受注者側の業務変革に対する意識改革が重要になる。

08 GX推進法が施行

GX経済移行債　23年度から発行

　脱炭素成長型経済構造円滑移行推進法（GX推進法）は、一部の規定を除き2023年6月30日に施行となった。建設産業界からみても、需要創出の観点から重要な法律といえる。

　GX推進法では、官民による今後10年間での150兆円のGX（グリーントランスフォーメーション）投資に向けて、GX推進戦略の策定と実行、世界で前例のない国によるトランジション・ボンドの「GX経済移行債」の発行、成長志向型カーボンプライシング（CP）の導入、脱炭素成長型経済構造移行推進機構（GX推進機構）の設立などを定めた。

　GX経済移行債は、企業による脱炭素投資の「呼び水」とするため、23年度から発行して10年間で20兆円規模の資金を調達する。GX経済移行債の償還期限は50年度まで。償還財源は、企業のCO_2排出量に応じて金銭負担を求めるCPによって賄う。まず、28年度に石油元売り会社をはじめとする化石燃料の輸入事業者を対象に賦課金を導入。33年度からは、排出量取引を通じ、政府が電力会社に排出枠を買い取らせる。

　GX推進機構は、民間人材を中心に認可法人として24年度に創設する予定。民間企業のGX投資を推進するため、債務保証などによって金融支援する。また、化石燃料賦課金や特定事業者負担金の徴収業務、排出量取引制度の運営などを担う。

09 女性版骨太の方針2023

25年めどに1人以上の女性役員選任

　政府の「女性活躍・男女共同参画の重点方針2023」（女性版骨太の方針2023）では、東証プライム市場の上場企業を対象に、女性役員の比率を2030年までに30％以上とする目標を掲げた。また、25年をめどに1人以上の女性役員を選任するとの目標も設定した。

　いずれの目標についても、実現に向けた行動計画の策定を企業に求める。東証の上場規則に、この数値目標に関する規定を23年内に設けることを想定する。

　内閣府の調査によると、22年7月末時点で、プライム市場の上場企業1835社のうち、女性役員比率が30％を超えるのは2.2％にとどまる。女性役員がまったくいない企業は344社で18.7％に上る。

　女性版骨太の方針では、「女性がリーダーを目指すことが可能だと感じさせる環境づくりが重要だ」と指摘した。その上で「育児や介護と両立している女性役員など、多様なロールモデルの提示を進めるべきだ」と強調している。

　また、男女の賃金格差是正では、301人以上を常時雇用する企業に求めている情報開示制度を、101人以上の企業に拡大することを盛り込んだ。非正規労働者の正規化を進める企業の助成拡充、女性活躍や子育て支援に取り組む企業を補助金の採択審査で加点する優遇措置を経済産業省以外の省庁の補助金にも広げるなどとしている。

10 特定技能2号評価試験

建設分野の評価試験　JACが11月開始

　建設技能人材機構（JAC）は、特定技能2号評価試験を2023年11月に国内で始める。在留期間の更新に上限がなく、家族（配偶者、子）が帯同できる特定技能2号の在留資格取得に向けた評価試験が建設分野で動き出すことで、技能検定1級合格に限られていた在留資格の取得ルートが全て整備されることになる。

　在留期間が通算5年までで、家族の帯同が認められていない特定技能1号外国人が評価試験に合格して移行するなど、建設分野では22年12月時点で8人にとどまる特定技能2号外国人が今後増えるとみられる。

　熟練した技能が必要な業務に従事する外国人向けの在留資格である特定技能2号は、建設と造船・舶用工業の2分野が受け入れ対象。建設分野で特定技能2号の在留資格を得るためには、「班長として一定の実務経験」と「特定技能2号評価試験または技能検定1級の合格」の両方を満たす必要がある。建設分野の特定技能2号外国人の8人は、評価試験ルートが未整備のため、全員が技能検定ルートで在留資格を得た。

　特定技能1号外国人の受け入れ第1号が建設分野で誕生したのは19年9月。JACは、制度開始初期段階に受け入れられた特定技能1号外国人の在留期間の満了が迫っている状況をふまえ、特定技能2号評価試験ルートを整備することにした。評価試験は月1回以上の頻度を予定し、当面は国内試験だけの見込み。

	4月	建設労働者緊急育成支援事業を開始（厚労省）
2015年 生産性向上への挑戦	6月	科学技術イノベーション総合戦略2015を決定（政府）
	8月	第4次産業革命に対応する新産業構造ビジョンの検討開始（経産省） 就労履歴管理システム構築へコンソーシアム設置（国交省） 女性活躍推進法が成立（厚労省）
	10月	公共建築工事における工期設定の基本的考え方を策定（国交省）
	11月	**一億総活躍で緊急対策（政府）**
	12月	COP21でパリ協定を採択（環境省） i-Constructionを発表（国交省）
2016年 生産性革命から働き方改革へ	1月	科学技術基本計画にSociety5.0を位置付ける（政府）
	4月	就労履歴管理システムを建設キャリアアップシステムに改称（国交省） 生産性革命本部を設置（国交省）
	5月	女性活躍推進企業に優遇措置（関係省庁）
	8月	ESGと無形資産投資の研究会を設置（経産省） 働き方改革担当大臣を新設（政府）
	9月	**働き方改革実現会議の初会合を開催（政府）**
	12月	違法残業企業の公表基準の引き下げ（厚労省） 科学技術イノベーション官民投資拡大イニシアティブの取りまとめ（内閣府）
2017年 関連施策を総動員	3月	ICTに対応した新技術基本計画を策定（国交省） 働き方改革実行計画を策定（政府） 時間外労働上限規制で労使が歴史的合意（政府）
	4月	生産性向上企業に助成金割増措置を開始（厚労省）
	6月	建設現場の生産性2割向上を盛り込んだ未来投資戦略を決定（政府）
	7月	建設産業政策会議が「建設産業政策2017＋10」を提言（国交省）
	8月	建設工事における適正工期設定指針を策定（関係省庁）
	11月	**生産性革命の実現をうたった新しい政策パッケージを打ち出す（政府）**

2018年 働き方改革が始動	2月	公共建築工事における工期設定の基本的考え方を改訂（国交省）
	3月	建設業働き方改革加速化プログラムを策定（国交省）
	4月	第5次環境基本計画を決定（環境省）
	5月	海外インフラ展開法が成立（国交省）
	6月	東証がコーポレートガバナンス・コードを改訂（金融庁） スマートモビリティチャレンジが始動（経産・国交省）
	7月	第5次エネルギー基本計画を決定（経産省） 建設工事における適正工期設定指針を改訂（関係省庁） **働き方改革関連法が成立（厚労省）**
	9月	国土地盤情報データベースが運用を開始（国交省）
	10月	スーパーシティ構想懇談会を設置（政府）
	11月	気候変動適応計画を決定（環境省） 再エネ海域利用法が成立（関係府省）
	12月	コンセッション方式導入促進を柱とする改正水道法が成立（厚労省） 改正入管法成立、在留資格「特定技能」の創設（法務省）
2019年 新・担い手3法制定	3月	スマートシティ関連事業の推進に関する基本方針を決定（政府）
	4月	官民研究開発投資拡大プログラム（PRISM）を創設（内閣府） 建設キャリアアップシステムが運用開始（国交省） 働き方改革関連法の一般則が施行（政府）
	5月	スマートシティモデル事業を開始（国交省） 女性活躍推進法が成立（厚労省） 70歳までの雇用継続で方針表明（政府）
	6月	アフリカビジネス協議会が発足（関係省庁） パリ協定に基づく成長戦略としての長期戦略を決定（政府） **改正建設業法・改正入契法が成立（国交省）** **改正品確法が成立（国交省）**
	7月	建設業における女性活躍推進新計画策定委員会を設置（国交省）

2020年 ポストコロナ社会の構築	1月	女性の定着促進に向けた建設産業行動計画を策定（国交省）
	3月	**建設キャリアアップシステム普及・活用に向けた官民施策パッケージ決定（国交省）** 直轄土木工事における適正な工期設定指針を策定（国交省）
	4月	**中小企業への罰則付き時間外労働規制の適用が開始（政府）** 改正公共工事品質確保促進法に基づく新たな運用指針の適用開始（国交省） 直轄土木で原則全工事週休2日（国交省） 直轄土木で新技術活用を原則義務化（国交省） **技能者の能力評価を自動的に行うレベル判定システムが稼働（国交省）** 国土交通データプラットフォームが始動（国交省） 改正民法に対応した「建設工事標準請負契約約款」の適用開始（国交省）
	5月	**建設業における新型コロナウイルス感染予防対策ガイドラインを策定（国交省）** 経済財政諮問会議で社会資本整備の「デジタルニューディール」を提唱（政府） 流域治水による防災・減災を提唱（国交省） 直轄土木での遠隔臨場を全国展開（国交省）
	6月	危険区域の立地抑制を盛り込んだ改正都市再生特別措置法が成立（政府） 利水ダムの事前放流体制を全国で整備（政府） 建設業の一人親方問題に関する検討会の初会合を開催（国交省）
	7月	**中央建設業審議会が「工期に関する基準」を作成・勧告（国交省）** インフラ分野のDX推進本部を設置（国交省） 洋上風力発電官民協議会を設置（国交・経産省）
	10月	**改正建設業法が施行〈技術検定関連以外〉**
	11月	衆参両院が気候非常事態宣言を決議（国会）
	12月	**2050年カーボンニュートラルに伴うグリーン成長戦略を策定（経産省など）**

2021年　脱炭素化へ旗印鮮明に	2月	公共工事設計労務単価で据え置き措置（国交省） カーボンプライシング導入の検討を本格開始（環境・経産省）
	3月	専門工事企業の施工能力見える化評価基準を6職種で初認定（国交省） **技能者の賃上げへ業界団体と合意（国交省）**
	4月	改正建設業法が施行〈技術検定関連〉（国交省） **13年度比46％減の新たな30年度温室効果ガス排出削減目標を決定** 住宅・建築物分野の省エネルギー対策強化を検討開始（国交省）
	6月	再エネ海域利用法に基づく公募の初弾区域で洋上風力発電事業者を決定（経産省） G7サミットで各国首脳が脱炭素化などに関する共同声明を発表（政府）
	9月	デジタル庁が発足（デジタル庁）
	10月	岸田内閣が発足、新しい資本主義を打ち出す 地球温暖化対策計画、エネルギー基本計画などを閣議決定（政府）
	11月	流域治水関連法が全面施行（国交省）
2022年　デジタル化が加速	2月	公共工事設計労務単価を10年連続引き上げ（国交省） おおむね3％の技能者賃上げ目標を業界団体と申し合わせ（国交省）
	3月	スーパーシティの初弾は大阪市と茨城県つくば市 インフラ分野のDXアクションプラン策定（国交省）
	4月	**官製賃上げ、賃上げ表明で総合評価加点開始** **小規模土工ICT要領策定や一般管理費等率など積算基準改定。低入札価格調査基準算定式の一般管理費も0.68へ引き上げ（国交省）**
	5月	クリーンエネルギー戦略中間整理。10年150兆円のGX投資（経産省）
	6月	改正建築物省エネ法成立。25年度以降、全ての新築に義務付け
	8月	持続可能な建設業に向けた環境整備検討会を設置（国交省）
	10月	**建設キャリアアップシステム（CCUS）の技能者登録数100万人突破**

2023年 持続可能な建設業へ諸施策	2月	公共工事設計労務単価を11年連続引き上げ。平均5.2%上昇(国交省)
	3月	おおむね5%の技能者賃上げ目標を業界団体と申し合わせ(国交省) **持続可能な建設業に向けた環境整備検討会が提言(国交省)**
	4月	BIM／CIM原則適用を開始(国交省)
	5月	生活衛生等関係行政機能強化関係整備法が成立・公布。食品衛生基準行政を厚生労働省から消費者庁へ、水道整備・管理行政を厚生労働省から国土交通省および環境省へ移管する。施行日は2024年4月1日(一部は公布の日) 盛土規制法が施行(国交・農水省)
	6月	建設キャリアアップシステム(CCUS)レベル別年収の試算結果公表(国交省) 脱炭素成長型経済構造円滑移行推進法(GX推進法)が施行 **改正国土強靱化基本法が成立。「国土強靱化実施中期計画」を策定を法定化**
	7月	新たな国土形成計画を閣議決定

第 2 章

変化する潮流──建設行政

01 2023年度の公共工事労務単価

全職種平均5.2%引き上げ　物価上昇率を上回る伸び

　2023年度の公共工事設計労務単価は、全国・全職種の単純平均値で前年度と比べ5.2%伸び、単価を決める時期の足元の物価上昇率を上回った。単価の上昇は11年連続で、伸び率が5%を上回るのは9年ぶり。全国・全職種の加重平均値では金額が2万2227円に上がり、労務単価の公表を始めた1997年度以降で最高値を更新した。主要12職種に限った平均の伸び率は5.0%、平均金額は2万822円となった。

　公共工事の工事費積算に使う公共工事設計労務単価は、毎年度実施する公共事業労務費調査の結果をベースに算出し、都道府県ごとに職種別で設定している。全51職種のうち、調査で十分な有効標本数を確保できなかった建築ブロック工の労務単価は定めていない。

　2023年度の単価には、建設キャリアアップシステムの能力評価を反映した手当てなど、元請企業が下請企業の技能者に対して直接支給している手当てを盛り込んだ。必要な法定福利費相当額、年間5日の年次有給休暇取得義務化に要する費用、時間外労働時間の短縮に必要な費用は引き続き反映している。

　新型コロナウイルス感染症の影響をふまえて前年度を下回った単価を据え置く特別措置の適用と、東日本大震災の被災地で入札不調の発生状況に応じた単価の採用は実施しなかった。

02 国交省直轄営繕の週休2日促進工事

全工事発注者指定方式　時間外労働の上限規制に備え

国土交通省は、時間外労働の罰則付き上限規制が2024年4月から建設業に適用されることをふまえ、23年度から直轄の営繕工事で4週8休の週休2日確保を原則化した。原則、全工事に週休2日促進工事の発注者指定方式を適用し、受注者希望方式は基本的に発注しない。発注者指定方式の原則化は、直轄土木工事と同様の対応となる。

週休2日促進工事は、受注者が週休2日を確保できるように、4週8休以上を前提に労務費を補正して予定価格を積算する。4週8休に満たない場合は労務費補正分を減額変更する発注者指定方式と、達成状況が「4週6休以上4週7休未満」と「4週7休以上4週8休未満」であれば労務費の補正係数を変更して請負代金額の変更を行う受注者希望方式の2種類がある。

23年度は、受注者希望方式を適用していた比較的小規模な改修工事（3億円未満の建築工事と2億円未満の設備工事）を対象に追加し、原則全ての工事を発注者指定方式とした。これにより直轄営繕工事は4週8休が原則となる。4週8休を未達成でも、工事成績評定を減点するペナルティーはこれまでと同様に課さない。

22年度に完成した直轄営繕工事の4週8休達成率は、97.1％で、前年度と比べ6.2ポイント上昇した。受注者アンケートでは、受発注者間の円滑な協議の実施が達成要因として最も多い。

03 都道府県工事の週休2日達成率

21年度平均は30.7% 団体間の差大きく

国土交通省は、アンケートをもとに都道府県発注工事における週休2日（4週8休以上）の達成率を初めてまとめた。未集計の東京都を除く46道府県の単純平均は2021年度で30.7%。最高は北海道の88.9%、最低は広島県の3.4%だった。地元建設業界の週休2日に対する意識、適正な工期設定など発注者の取り組みが、達成率に影響していると考えられる。

アンケートは、「21年度工事完了件数」に占める「4週8休以上を達成した工事件数」の割合を達成率として算出した。災害復旧工事は、除外している。達成率が75%以上は3団体、30%以上75%未満が15団体、30%未満が28団体だった。

達成率が高かった理由は「週休2日の意識が業界に浸透」「週休2日に伴う必要経費を当初設計で計上するなど、受注者の取り組みを促している」など。

一方、達成率30%未満の団体からは「受注者希望型での発注が多く、降雨などによる不確定要素や工程計画上の理由から希望しないケースがある」「県の定める標準工期が短いとの理由から業界の理解が得られない」などの声が上がった。

国交省は、24年4月から建設業に適用される時間外労働の罰則付き上限規制を公共工事でクリアするため、受注者が安心して週休2日を確保できる環境の整備を都道府県に働き掛けている。

04 建設職人基本計画が初の変更

下請負人まで安衛費が確実に支払われる環境整備

　政府は2023年6月、建設職人基本法にもとづく建設職人基本計画の初の変更を決定した。安全衛生経費が工事で適切かつ明確に積算され、下請負人まで確実に支払われる環境整備のため、政府が講ずべき施策に、「安全衛生対策項目の確認表」と安全衛生経費を内訳明示するための「標準見積書」の作成・普及を新たに位置付けた。

　同法は、16年に議員立法で成立、17年に基本計画が策定された。少なくとも5年ごとに検討し、必要な場合に変更することを政府に義務付けている。

　今回、基本計画策定後の状況変化への対応を追加したほか、厚生労働省の「建設業における墜落・転落災害防止対策の充実強化に関する実務者会合」が22年10月にまとめた報告書、国土交通省の「建設工事における安全衛生経費の確保に関する実務者検討会」が22年6月に打ち出した提言など、基本計画にもとづく施策の成果を反映した。

　主な変更点は、安全衛生経費の確実な支払いに向けた政府の施策に、安全衛生対策項目の確認表と標準見積書の作成・普及を位置付けた。また、発注者や建設業者、国民一般に対して安全衛生経費の必要性・重要性を発信する戦略的広報の実施を追加している。

　都道府県計画の策定は努力義務と定めており、都道府県でも計画の策定・変更作業が今後進められそうだ。

05 インフラDX「ネクストステージ」

さらなる推進へ、変革の方向性を明確化

　国土交通省は、2023年をインフラ分野のDX（デジタルトランスフォーメーション）の躍進の年と位置付け、ICTの全体活用により、「ネクストステージ」を目指している。さらなる推進に向け、アクションプランの改定骨子をまとめ、DXによる変革の方向性を「インフラの作り方」「インフラの使い方」「データの生かし方」の3つに明確化した。23年8月までにアクションプランの第2版を策定する。

　「インフラの作り方の変革」は、インフラの計画、建設を対象とし、データの力でインフラ計画を高度化するほか、i-Constructionで取り組んできた調査・測量、設計、施工の生産性向上を加速させる。

　「インフラの使い方の変革」は、インフラの運用、保全が対象。デジタル技術を駆使し、利用者目線でインフラの潜在的な機能を最大限引き出すことなどを想定している。

　「データの生かし方の変革」は、サイバー空間を対象としている。例として、国土交通データプラットフォームをハブとした国土のデジタルツイン化を進める。

　今後、これらの方向性に沿って、国土技術政策総合研究所など研究機関のサポートを得ながら、23年4月に新設した官房参事官（イノベーション）を中心に、組織横断的な取り組みを進める。

06 電子化した生コン情報、クラウドで共有

本格運用へ試行工事拡大

　国土交通省は、直轄土木工事の現場打ちコンクリート工の施工や品質の管理、検査で、電子化した生コンクリートの情報をクラウドで共有する試行工事を拡大する。官民研究開発投資拡大プログラム（PRISM）で開発したシステムを活用するもので、2022年度は関東地方整備局のみで試行した。23年度は全国の整備局に広げ、24年4月からの本格運用を予定している。

　日本建設業連合会などが参加するコンソーシアムが開発した「クラウド共有型コンクリート品質管理システム」で、生コン情報の電子化や見える化を行う。

　JISの規定にもとづいて、生コンの材料、出荷数量、品質などのデータは、生コン工場からの出荷伝票、施工者の受け入れ試験や打ち込み記録も紙で記録しており、帳票類のやり取りは紙媒体が一般的だ。

　開発したシステムにより、製造から運搬、受け入れ、施工、安全管理の各記録が全てクラウドに保存され、その記録を工場、施工者、発注者の三者がリアルタイムに確認でき、生産性向上が期待できる。試行工事の結果をふまえて本格運用の実施要領を策定する。

　23年度末には、電子媒体による帳票類のやり取りを認める方向で、JIS改正が予定されているため、24年度以降は、建築工事や民間工事でも普及促進を図る考えだ。

07 遠隔臨場、全工事検査で試行可能に

効率的な監督・検査の在り方検討

　国土交通省は、直轄土木工事を対象とする遠隔臨場を活用した工事検査の試行要領（案）をまとめた。基本的に全ての工事検査で試行可能とし、遠隔臨場の検査項目は、受発注者間で協議して決める。地方整備局などでの試行を通じて遠隔臨場の適用可能性を確認し、効率的な監督・検査の在り方を検討する。

　遠隔臨場を活用した工事検査は、動画撮影用のカメラで取得した映像・音声を利用し、遠隔地からウェブ会議システムなどを介して、各種検査を行う。試行対象は、完成検査、中間技術検査、既済部分検査、完済部分検査における「工事実施状況」「出来形」「品質」「出来栄え」の各検査項目としている。

　効果として、受注者側は、工事検査にともなう移動時間の削減と確認書類の簡素化、一方、発注者側は対面書類検査・現場実地検査の削減が見込まれるとし、試行で確認する。効果などを比較検討するため、従来方法（対面での書類検査、現場での実地検査）で検査を実施することもできる。

　試行要領案では、検査項目ごとに遠隔臨場の適応性（目安）を示した。遠隔書類検査は、工事実施状況など全検査項目を汎用的な機器の活用で試行可能とし、遠隔実地検査は、「品質」と「出来栄え」の一部検査項目を「特殊な機器などまたは現場実地が必要」と整理している。

08 厚労省から国交省へ水道行政移管

準備チーム設置、概算要求など検討

　国土交通省は、「生活衛生等関係行政の機能強化のための関係法律の整備に関する法律」が国会で成立し、2024年4月に厚生労働省から水道整備・管理行政が移管されることを受けて、円滑に移管するために「水道整備・管理行政移管準備チーム」を設置している。準備チームでは、24年度予算の概算要求や組織・定員要求に向けた検討を進める。

　同法により、水道基盤強化に向けた基本方針の策定、水道事業などの認可、改善指示、報告徴収・立ち入り検査などを国交省に移管する。また、水質基準の策定や水道事業者が実施する水質検査方法の策定などは、環境省に移管する。

　設置した「水道整備・管理行政移管準備チーム」のチーム長は官房総括審議官、チーム長代理は官房技術審議官と、水管理・国土保全局下水道部長がそれぞれ務めている。

　メンバーは、官房から総務課長、人事課参事官、会計課長、技術調査課長、水管理・国土保全局から総務課長、河川計画課長、下水道企画課長、下水道事業課長が参加する計11人の体制となっている。オブザーバーとして、厚労省医薬・生活衛生局水道課長、環境省水・大気環境局水環境課長が加わっている。

　各地方整備局などにも「水道整備・管理行政移管準備室」を設置し、本省と連携して移管準備に当たる。

09 24年4月から新たな技術検定制度

第1次は一定年齢以上、第2次で実務経験

　国土交通省は、2024年4月1日に施行する新たな技術検定制度の詳細を固めた。受検に必要な実務経験年数の長さが課題として指摘されていたことなどをふまえ、受検資格要件を中心に見直す。第1次検定は一定年齢以上の全ての者が受検できるようにし、第2次検定は施工管理で一定の実務経験がある者に受検資格を認める。受検資格要件が変更になるため、28年度までを期間とする経過措置も設ける。

　新制度の詳細を示す省令改正案と制度運用のイメージ案は、技術検定不正受検防止対策検討会の20年11月の提言と、「適正な施工確保のための技術者制度検討会（第2期）」が22年5月に公表した技術者制度の見直し方針をふまえた内容となっている。

　現行制度の受検資格要件は、大学や高校などの学歴ごとに必要な実務経験年数を設定し、1級の場合は第1次検定と第2次検定の両方で求めている。

　新制度では、第1次検定を一定年齢以上とし、第2次検定で実務経験を求める。第1次検定の受検資格要件は、1級が19歳以上、2級が17歳以上とし、どちらも受検した年度の年度末時点での年齢とする。第2次検定で求める実務経験の年数は、特定実務経験（監理技術者配置を要する金額以上の工事で施工管理した経験）の有無などによって異なり、1級は1年、3年、5年のいずれか、2級は1年または3年となる。

10 25年度から次期電子入札システム運用

自動化・効率化で事務負担を軽減

　国土交通省は、直轄工事・業務の電子入札システムを再構築し、2025年度から次期電子入札システムの運用開始を目指している。発注者と入札参加者の双方の事務負担軽減を目的に、入札手続きを自動化・効率化できるようにする方針だ。連携するシステムを含め、必要な機能などの本格的な検討を今後も進める。

　現システムは、工事と業務を合わせて年間約3万件の開札に利用しており、発注者1.1万人、受注者18.2万人にICカードを発行している。入札手続きの各段階で、事業執行管理システム（CCMS）、入札情報サービス（PPI）、入札説明書等ダウンロードシステム、技術資料等アップロードシステムなどと情報をやり取りしながら、入札に必要なデータの提供や提出を行っている。

　次期システムの検討に当たっては、入札手続きの事務負担の軽減が大きなテーマだ。例えば、入札参加希望者がPDF以外の電子データでも技術資料をアップロードできるようにし、登録された電子データをもとにシステムが自動で資格審査資料を作成して、技術者情報のデータベースと照らし合わせた上で参加資格審査を自動的に実施することなどを想定している。今後は、次期システムや連携システムに求める機能を整理し、その結果を23年度に着手する次期システムの詳細設計に反映する。

11 単品スライドの運用見直し拡大

都道府県9割、政令市8割が資材価格高騰に迅速対応

国土交通省が実施したアンケートによると、単品スライド条項の運用を見直し、資材価格の急激な高騰に迅速（じんそく）に対応できるようにする動きが、自治体にも広がっている。都道府県の9割と政令市の8割が、直轄工事で2022年6月に改正した単品スライド条項の運用ルールに沿って自治体ごとに定める運用基準を改定している。国交省は引き続き、単品スライド条項の適切な運用を自治体に働き掛ける。

調査は、22年10月17日を締切日に設定して実施した。回答をみると、都道府県は「改定済み」が93.6%の44団体、「作業中」「検討中」「その他」が各1団体だった。「その他」と回答した都道府県は、運用基準を改定しなくても直轄工事と同様の対応が可能と説明している。政令市は「改定済み」が80.0%の16団体、「作業中」が3団体、「検討中」が1団体だった。

直轄工事での単品スライド条項の運用ルール改正は資材価格の高騰をふまえて行われた。最大のポイントは、物価の変動が物価資料に反映されるまでにタイムラグがあるため、工事材料の購入価格が適当であることを証明する書類を受注者が発注者に提出した場合、実勢価格を示す「購入した月の物価資料に掲載されている単価」より実際の購入価格が高くても、実際の購入価格での請負代金額変更を可能にした点だ。

12 スタートアップの開発を資金面で支援

有効技術の社会実装へ国交省が助成制度に専用枠創設

　国土交通省は、イノベーションの源泉とされるスタートアップ（新興企業）の支援を建設分野で強化するため、建設技術研究開発助成制度を拡充し、スタートアップ専用枠を創設した。スタートアップの技術開発を資金面で支援してイノベーションを創出し、現場の生産性向上などに有効な技術の社会実装につなげる。

　これまでの制度は民間企業や大学などを対象とする一般タイプ、中小企業に限定した中小企業タイプの2つがあった。新たにスタートアップ専用枠を設けるため、2022年度第2次補正予算に経費を計上した。

　これにともない国交省は23年2月、22年度（第2回）SBIR建設技術研究開発助成制度における政策課題解決型技術開発（スタートアップタイプ）として公募を開始。国交省が定めた具体的な推進テーマに対して、おおむね2〜3年後の実用化をめどに成果を社会に還元することとしている。

　求めた政策課題テーマは、i-Constructionの推進やカーボンニュートラルの実現に役立つ技術開発。具体的には、▷新工法を活用した建設現場の生産性向上に関する技術▷新材料を活用した建設現場の生産性向上に関する技術▷新工法、新材料を活用したカーボンニュートラル実現などに役立つ技術──の3つを挙げた。その結果、応募7件のうち、6件を23年6月に採択している。

13 社会的インパクト不動産でガイダンス

事業者の取り組み促し投資家も判断しやすい環境整備

国土交通省は、社会が抱える課題の解決に、不動産で貢献する「社会的インパクト不動産」の実践を促すため、ガイダンスを策定した。事業者が社会的インパクト不動産に取り組みやすく、投資家なども投資判断しやすい環境を整えるのが狙い。金融機関や企業、行政などでの活用を想定している。不動産に関する社会課題や取り組みを整理・類型化し、社会的インパクトの設定や事前評価の進め方などを示した。

社会的インパクト不動産とは、企業の中長期の適切なマネジメントで社会課題解決に取り組み、社会の価値創造への貢献や不動産の価値向上、企業の持続的成長につながる不動産のことを指す。ガイダンスでは不動産に関する社会課題を「地域の魅力・文化の形成・活性化」「コミュニティの再生・形成」「自然災害などへの備え」など14項目に整理した上で、不動産が貢献できる課題解決の取り組みを52項目にまとめた。

例えば、自然災害などへの備えに関する評価項目には、「耐震性の確保」「水害への備え」「防災設備の設置」「電線類地中化」などを設定している。

また、類型化した社会課題と課題解決の取り組みをふまえ、社会的インパクトの設定や評価などの進め方を示した。社会的インパクトの設定と事前評価時は項目や指標を設定し、事業や投融資の実施中はモニタリングや事後評価することを求めている。

第 3 章

変化する潮流──建設業

01 若者呼込へ8職種の年収目安設定

CCUS連動の能力評価でレベル別に設定

　建設産業専門団体連合会の正会員34団体のうち10団体は、建設キャリアアップシステム（CCUS）と連動した能力評価制度のレベル別に、技能者8職種の最低年収の目安を定めた。経験年数や資格に応じた年収アップの姿を明示したことになる。担い手確保の観点から、日本人の若者を呼び込むために最低限必要な年収を考慮して定めた。目安の実現に向け10団体は、請負価格への反映に理解を求める活動を元請企業に対して展開している。

　目安は、全国基礎工事業団体連合会が「基礎ぐい工事技能者」で、全国コンクリート圧送事業団体連合会が「コンクリート圧送技能者」、全国建設室内工事業協会、日本建設インテリア事業協同組合連合会、日本室内装飾事業協同組合連合会の3団体が「内装仕上技能者」、全国鉄筋工事業協会が「鉄筋技能者」、日本建設躯体工事業団体連合会が「とび技能者」、日本型枠工事業協会が「型枠技能者」、日本左官業組合連合会が「左官技能者」、ダイヤモンド工事業協同組合が「切断穿孔技能者」で設定した。

　技能者の年収は地域によって異なるため、東京都を基準に最低賃金や公共工事設計労務単価、会員企業へのアンケートなども参考に目安を定めた。年間240日の就労を前提とする。8職種中、最も高いのは内装仕上技能者の最上位のレベル4で840万円。

02 日建連
——上限規制クリアへ本腰

民間建築工事で「適正工期確保宣言」

　日本建設業連合会（日建連）が、2024年度から適用される時間外労働上限規制の順守に向けた取り組みのギアを上げた。日建連は23年7月の理事会で、民間発注の建築工事を対象とする「適正工期確保宣言」を機関決定した。発注者に提出する見積書の作成に当たり、工事現場の4週8閉所と週40時間稼働を原則化することが最大のポイントで、元請けとして共同で、真に適切な工期を確保していく。

　日建連会員企業は、民間建築工事の発注者に見積書を提出する際、4週8閉所・週40時間稼働を原則とする「真に適切な工期」にもとづいて見積もりを行い、工期・工程を添付するとともに、発注者の理解を得るための説明を徹底する。また、協力会社から真に適切な工期を前提とした見積もりが出された場合は、その見積もりと工期・工程を確認し、これを尊重する。

　宣言の対象は初回の見積もりに限り、その後の契約に至るまでの取り組みは各社の判断に委ねる。発注者が完成時期を指定しているケースなど、宣言に即した見積書提出が困難な場合でも、参考として真に適切な工期に関する資料を示す。追加工事の発生や発注時の設計の不備などで施工中に生じた契約変更は、新たな見積もり提出が伴わない場合も含めて宣言の対象とする。民間土木を含め土木工事は対象外。宣言内容が独禁法上問題ないことは公正取引委員会に確認済みだ。

03 日建連 ──生産性向上フォローアップ調査

利益控除後指数は0.8%上昇

　日本建設業連合会の生産性向上推進本部がまとめた「生産性向上推進要綱」の2021年度フォローアップ報告書によると、生産性の指標としている「技術者・技能者1日（8時間）当たりの施工高」は、会員企業の土木・建築平均で前年度比1.3%減の9万4386円だった。指標上は微減となったものの、利益控除後の生産性は0.8%上昇しており、コロナ禍や資材価格高騰の中でも会員各社が生産性向上に努力している状況がうかがえる結果となった。

　会員企業の生産性は、土木が0.2%減の9万1615円、建築が1.9%減の9万5875円で、ともにマイナスとなった。完成工事高の減少が、延べ人工の減少を上回ったことが生産性の低下につながった。その完成工事高の減少は、競争激化による利益の圧迫や、高騰している資材価格を契約に反映できなかったことが要因とみられる。一方、完成工事原価ベースから算出した利益控除後の生産性は、土木・建築平均で8万5004円となり、0.8%上昇した。

　土木工事における生産性向上のための取り組みは「ICT建機導入」が最も多く、次いで「3D測量」「遠隔臨場」「UAV（無人航空機）」などとなった。建築工事は「設計施工一貫方式の受注拡大」が最多で、「BIM」「アウトソーシングサービスの活用」なども上位を占めた。

04 日建連 —— SDGsへの取り組み

業界の「あるべき姿」を提示

　日本建設業連合会（日建連）は2023年、SDGs（持続可能な開発目標）に対する日建連としてのスタンスや方針などを初めてまとめ、ホームページに特設サイトを開設した。建設業の本質的な役割として、安全・安心かつ持続可能で、誰一人取り残さない社会への貢献を掲げ、日々刻々と変化する環境・人・社会からの要請に対応し、新しい技術開発に取り組むことなどを「あるべき姿」として提示した。

　特設サイトには、SDGsに関する会員各社の取り組みなど延べ360の事例も掲載している。会員には、他社の事例などから新たな「気づき」を得てもらうほか、社会やステークホルダーといった外部に対しては、建設業界を代表する組織として、建設業の活動がSDGsそのものであることを広くアピールする狙いがある。

　建設業に求められる具体的なアクションとしては、国土強靱化やインフラの保全・長寿命化、自然災害時の緊急復旧、ZEB（ネット・ゼロ・エネルギー・ビル）、再エネ施設の建設、施工時のCO_2排出量削減、安全衛生、ディーセントワーク・働き方改革、低炭素・脱炭素建材の活用、文化遺産の保全、インフラの海外展開などを列挙した。特設サイトでは、それぞれのテーマごとに、会員各社の取り組み事例を閲覧できるように整理している。

05 建設業団体、5%賃上げを要請

1次通じて2次下請以下にも働き掛け

国土交通大臣と建設業4団体が2023年3月に開いた意見交換会で、23年度は技能労働者賃金のおおむね5％上昇が業界目標として定められた。

これを受けて、日本建設業連合会（日建連）は、全会員企業の代表者に対し、その趣旨に沿う下請契約の徹底などを求める会長名の要請書を送付した。元請企業として、適切な労務費を見込んだ1次下請けからの見積書を尊重するほか、直接契約関係がない2次以下の下請企業にも、1次を通して目標を満足できる賃金の支払いを求める。

おおむね5％上昇の実現は、民間建設市場における競争激化などを考慮すると、大変厳しい状況と言わざるを得ないとしつつ、公共工事設計労務単価の引き上げと技能者のさらなる賃上げという好循環継続のため、日建連全体としての取り組み方針を理事会の総意として決議した。

加えて、公共・民間工事を問わず、ダンピング（過度な安値受注）などの公正な競争を妨げる行為をしないよう改めて要請した。

全国建設業協会も申し合わせ事項をふまえ、5％賃金上昇に向けた取り組みなどを推進するよう、47都道府県建設業協会に対して要請した。23年度事業計画にもとづき、会員企業の技能者の賃上げや下請契約での反映といった取り組みを求めている。

06 全建、戦略的広報で報告書

災害対応の記録は仕事

全国建設業協会は2023年2月、戦略的広報に関する報告書をまとめた。一般からの理解獲得や担い手確保には、建設業の魅力が広く社会に認知されることが重要とした上で、とくに地域建設業においては、激甚化・頻発化する自然災害対応などで人々の生命・財産を守り、地域に貢献する「かっこよさ」を発信すべきと指摘。まずは建設会社自らが、災害時・防疫対応時の活躍を写真や動画に記録することは、業務の一部に当たると発想を転換する必要性を説いた。国や自治体に、企業対応の記録・広報に対する協力も求めていく。

重視する災害時対応などの広報を巡っては、最前線で作業に従事する建設会社側からすると、「写真を撮っている余裕などない」といった声が以前から根強い。しかし、このままであれば「自衛隊や警察、消防ばかりが取り上げられる」という長年の懸案は解消されない。災害時に会員企業の復旧活動を写真・動画撮影してもらうには、まずは企業自身の自助努力として、自社の活躍を記録するのは業務の一部と発想転換する必要があると訴えた。誰もが撮影できるようにするため、専門家を招いた研修会を開催することが望ましいと提言した。遠隔臨場で使うウェアラブルカメラやドローンといった新たなツールの活用にも言及。とくにウェアラブルカメラは、作業の手を止められない災害復旧活動の撮影に有効なツールと進言した。

07 カーボンニュートラルの取り組み動向

世界的課題の解決を成長ドライバーに

　脱炭素化の世界的な潮流を背景に、カーボンニュートラル（CN）の実現という社会的課題への取り組みをいかにビジネスとして企業の成長に結びつけていくか。ゼネコン各社は今後の"脱炭素市場"の拡大をにらみ、低炭素型、あるいはCO_2を貯留・吸収してカーボンネガティブを実現するといった環境配慮型のアスファルト合材・コンクリートの開発、建設現場で使う電力のグリーン化、ZEB（ネット・ゼロ・エネルギー・ビル）の普及拡大など、さまざまなアプローチから将来に向けた成長ドライバーとして、エネルギー・環境分野での積極的な対応姿勢を鮮明にしている。

　こうした流れの中で重要視されるのが、サプライチェーン全体としてのCO_2排出量。原材料の調達から製造・物流・使用・廃棄に至るまで、建築物・構造物のライフサイクル全体でのCO_2排出量をいかに低減できるかは、公共発注者や民間デベロッパーなどの顧客にとっても同様に脱炭素化への貢献が求められているだけに、より大きな競争力になっていく。

　例えば、大成建設が電炉メーカー大手の東京製鐵と連携して進める「ゼロカーボンスチール・イニシアティブ」は、製造・調達から解体・回収まで、鋼材の資源循環サイクルをつくり出すことでゼロカーボンビルの普及を狙う。こうしたメーカーなど異業種との連携も今後さらに活発化していく。

08 AI技術の導入加速

社会課題にも対応　広範に利活用進む

　IoT（モノのインターネット）やAI（人工知能）によるビッグデータ解析とシミュレーション技術を活用したビジネス領域は、防災・減災やインフラの点検・維持管理にとどまらず、社会経済活動全般に及んでいる。ゼネコン各社も建設現場での品質や生産性の向上、作業の効率化・省力化とともに、社会課題への対応も含め、より広範なAI技術の活用が進む。

　例えば、大成建設はBIMにもとづく建物情報をウェブ上ですばやく取得し分析できる検索システムを開発。今後さらに東大発ベンチャーの燈と協力して、Chat（チャット）GPTを組み合わせることでシステムをより高度化し、建物情報を会話形式で取得・記録可能なサービスへと進化させる予定だ。

　清水建設は、アルプスアルパイン、オムロン、日本IBMとコンソーシアムを組成し、最新のAIとロボット技術を組み合わせた視覚障がい者の移動を支援するナビゲーションシステム「AIスーツケース」の早期社会実装に取り組む。大林組は大阪ガスと共同でAIを活用した建設工事向けの気象予測サービスの開発に着手。高精度なピンポイント予測で安全、効率的な施工管理を支援する。竹中工務店もポーラ化成工業と熱中症リスク判定AIカメラの建設現場での有用性検証を2023年9月まで進め、その知見をもとに24年夏に向け改良する。

09 木造建築の大規模化、耐火性能向上

市場拡大にらみ多彩なメニューで技術開発

　脱炭素化への国際的な要請を背景に、CO_2を吸収・貯蔵する木造建築の需要は世界的に拡大している。日本でも本格的な利用期を迎えた国産木材の積極活用と林業の成長産業化を実現するため、大量の木材を活用する非住宅分野での市場拡大が期待されている。

　2023年6月末には、2025年大阪・関西万博会場のシンボルとなる大屋根（リング）の組み立てが始まった。完成すれば内径が約615m、1周約2kmという世界最大級の木造建築物となる。このリングは3つのグループが施工。組み立てが始まったパビリオンワールド（PW）北東工区は大林組JVと安井建築設計事務所のグループが担当。23年11月中旬には国内最大・最高層の木造建築物として三井不動産が計画する「(仮称)日本橋本町一丁目3番計画」も着工となる。規模は木造一部S造地下1階地上18階建て延べ2万7826㎡。竹中工務店の設計施工で26年7月末の完成を目指す。

　こうした大規模木造建築を実現するため、竹中工務店は建築物の柱や梁に使う耐火集成木材「燃エンウッド」の3時間耐火仕様を開発するなど、階数の制限なく木造化できる技術メニューをそろえた。熊谷組も帝人と新たな耐火集成材の開発に着手。大林組は構造部材に利用可能なカラマツなどの苗木を人工光で栽培・育成する技術を開発した。木材の安定供給を実現することで森林の持続的な循環サイクル確立を目指す。

10 3Dプリンターの活用進む

建設での社会実装へ可能性追求

　建設業界で3Dプリンターの活用が進んでいる。大林組は、東京都清瀬市にある技術研究所に、セメント系材料を使った3Dプリンター建築物として、国内で初めて建築基準法にもとづく国土交通大臣認定を取得した「3dpod」を完成させた。滑らかな曲面形状の複層壁や構造床など、地上構造部材全てを3Dプリンターで建設したのも国内初となる。設計フローも整備した。これらのノウハウを生かし、複数階や面積規模を拡大した構造物の建設や、将来的には宇宙空間での建設活用など、幅広く可能性を追求していく。

　竹中工務店は、三菱ケミカルグループなどと共同で同グループの研究開発拠点「Science & Innovation Center」(横浜市)の敷地にバイオプラスチックを使った3Dプリント樹脂ベンチを製作・設置。JR東日本も千葉県鴨川市に建設した内房線太海駅の新駅舎に最新のコンクリート3Dプリンターで製作したベンチ2基を設置した。同社は3Dプリンティング技術を鉄道工事に転用し、コストダウンや工期短縮を目指している。湯澤工業(山梨県南アルプス市)は、関東地方整備局発注工事で初めて3Dプリンターを活用し堤防維持管理用の階段を製作・設置した。国土交通省は建設用3Dプリンターの社会実装に向けて検討会を設置した。普及・活用促進の観点から建築に関する規制の在り方を議論し、23年度内に論点を整理する。

11 洋上風力、SEP船建造の動き

一般海域での事業本格化へ対応力アップ

一般海域での洋上風力発電事業の本格化をにらみ、各社が建造してきたSEP船（自己昇降式作業台船）が相次いで稼働。清水建設は世界最大級の搭載能力を誇る、最大揚重能力2500tのクレーンを備えた自航式SEP船「BLUE WIND」を、国内最大規模となる「石狩湾新港洋上風力発電所」に活用、8MWの大型風車14基を据え付けるなど、施工ノウハウを蓄積することで5兆円超とされる市場のトップシェア獲得を狙う。

五洋建設は鹿島、寄神建設との3社共同で建造した1600t吊りのSEP船を「北九州響灘洋上ウインドファーム」の風車基礎・海洋工事施工に活用する。同社はベルギーのDEME Offshore社との合弁会社で1600t吊り級に改造中のSEP船を日本船籍に変更し、大型風車に対応できる体制を整える。大林組と東亜建設工業は1250t吊りジブクレーンを装備したSEP船を完成させ、本体工事だけでなく付帯工事や風車のメンテナンスなども視野に入れた幅広い活用を見通す。鹿島は一般海域での洋上風力発電の初弾案件3区域にオランダ・バンオード社の日本法人（JOW＆MC）とともに施工者として参画する予定だ。

一般海域での洋上風力第2弾4区域の事業者公募も進む中で、これまで中心だった着床式に加え、浮体式の普及拡大に向けた検討も本格化する。建設を担うゼネコン各社の役割と存在感はより高まることになる。

第 4 章

経営の軸線

01 ゼネコンの受注
── 全階層でプラス

建築は2年連続、土木は反転

　建設経済研究所がまとめた主要ゼネコン上位40社（過去3年間の連結での売上高平均）の2023年3月（一部は22年12月期）の決算分析によると、単体での受注高の合計は前年同期比9.6%増の13兆9219億円となった。

　階層別の内訳は大手が8.3%増の7兆1097億円、準大手が9.0%増の4兆1974億円、中堅が14.2%増の2兆6147億円。大手・準大手は2年連続で増加し、中堅はプラスに転じた。

　土木部門の受注高は大手が17.5%増の1兆4189億円、準大手が11.1%増の1兆3906億円、中堅が20.0%増の1兆1742億円となり、全階層で増加に転じた。総計は15.9%増の3兆9837億円となった。

　建築部門は大手が6.6%増の5兆4336億円、準大手が8.0%増の2兆7159億円、中堅が10.6%増の1兆3691億円と全階層で2年連続増加。総計は7.6%増の9兆5187億円となる。

　建築は前年度に続いてコロナ禍で低迷していた民間需要の回復が鮮明になった。土木は「防災・減災、国土強靱化のための5か年加速化対策」や高速道路会社の更新事業などで持ち直したとみられる。

　一方、資材価格や労務単価の上昇にともない、受注高も増加しているという背景もある。

02 ゼネコンの利益
——営業利益率直近5年で最低

「採算重視」の受注活動展開

　建設経済研究所がまとめた主要ゼネコン上位40社（過去3年間の連結での売上高平均）の2023年3月期（一部は22年12月期）の決算分析によると、営業利益（総計）は前年同期比6.9%減の6715億円となった。

　階層別の内訳は大手が0.9%増の3550億円、準大手が16.7%減の2030億円、中堅が9.7%減の1133億円。大手は微増したが、準大手と中堅は減少が続いた。営業利益率（総計）は前年度比0.7ポイント減の3.9%となり、直近5年間で最も低い水準となった。

　資材価格高騰の影響を受けた、いわゆる"不採算案件"の存在が業績の下押し要因になっている。

　全体の傾向として受注競争の激化を背景に、相対的に採算が低下していたところに、資材価格高騰の影響が追い打ちをかけた格好だ。

　とくに、全体に占める割合が大きい国内の大型建築を中心に、激しい受注競争が繰り広げられていたタイミングで受注した低採算案件によって、売上高は積み上がっていくのに利益が上がりにくい構造から脱却できていない。

　24年度からは時間外労働の罰則付き上限規制の適用が始まる。各社は豊富な手持ち工事の消化と生産体制のバランスを見極めながら、あくまでも「採算重視」の受注活動を続けていくことになりそうだ。

03 道路舗装業 —— DXとGXを推進

中温化舗装の広がりも

DX（デジタルトランスフォーメーション）やGX（グリーントランスフォーメーション）があらゆる経済活動における優先課題となる中、道路舗装業界もその取り組みに力を入れている。

日本道路建設業協会の西田義則会長は、2023年5月に開かれた総会で、「2050年カーボンニュートラル（CN）の流れを受け、GXへの取り組みを協会として強力に推し進めるとともに、DXについては、省人化、無人化に向けたICT施工を積極的に推進し、時代の変化に柔軟に対応できる協会体制を構築する」との姿勢を示した。

CNに向けては、技術開発をはじめ、事業所や合材工場でCO_2フリー電力の導入、中温化アスファルト混合物の製造に向けたフォームド装置の設置などを積極的に行っている。さらに、一部では水素燃焼バーナーの実証なども進められている。

中温化アスファルト混合物は、アスファルトの粘度を一時的に低下できる特殊添加剤などを使うことで、通常のアスファルト混合物の製造温度や施工温度を30℃程度低減でき、CO_2排出量の削減につながる。東京都が新規取扱い混合物として承認するなど全国的な広がりが期待されている。

また、変化をビジネスチャンスと捉え、環境に配慮した製品や工法のPRなどにも力を注いでいる。

04 マリコン
──洋上風力関連投資を加速

SEP船建造や他社連携も

　マリコン各社は洋上風力発電施設建設工事の受注に向け、設備投資を加速している。

　最大手の五洋建設は、保有する1600t吊りのSEP船（自己昇降式作業台船）「CP−16001」を投入し、2023年度から年間150億円以上の売り上げを見込む。ベルギーのDEME Offshore社との合弁会社で改造中のSEP船「Sea Challenger」が就航すれば、大型風車に対応できる1600t吊り級が2隻そろう。800t吊りの「CP−8001」は海底地盤調査やメンテナンス機能を担い、SEP船以外にもケーブル敷設船や資材運搬船などの建造を検討している。

　東亜建設工業は大林組と共同で建造を進めてきたSEP船「柏鶴（はっかく）」が完成し、23年5月に報道機関向けに公開した。全長88m、幅40m。風車基礎の建設から10MW（メガワット）クラスの風車組み立てまでに対応できる1250t吊りジブクレーンを装備する。

　東洋建設は23年6月、商船三井と洋上風力発電事業に関する合弁会社の設立契約を結んだ。東洋建設の持つ海上工事の知見と商船三井の船舶の建造・保有・運行の実績を組み合わせることで、国内外で増加が見込まれる作業船需要に応え、洋上風力発電事業の幅広い事業領域へ本格的に参入する。

05 電気設備工事業
——業績回復、受注高も高水準

担い手不足で「特定技能」を活用

電気設備工事業は、新型コロナウイルス感染症の影響を乗り越え、業績の回復が鮮明となっている。大手5社（きんでん、関電工、九電工、ユアテック、トーエネック）の2023年3月期決算（個別）をみると、売上高は全社が増収を達成。営業利益は2社が営業増益を確保し、3社が営業減益となったが、業績の先行指標となる受注高は全社が前年度を上回った。

業界ではSDGs（持続可能な開発目標）の旗印の下、▷防災・減災、国土 強 靱化▷カーボンニュートラル▷生産性向上、DX（デジタルトランスフォーメーション）——などの課題に取り組んでいる。

とくに生産性向上やDXは、24年度から建設業にも適用される時間外労働の上限規制と施工体制の確保、受注活動などとの兼ね合いからも注目を集めている。

一方、国内の生産年齢人口が減少している中、人材の高齢化、新規入職者の減少にともなう担い手不足も大きな課題となっている。働き方改革の具体化や外国人材の活用などを早急に進めることで、魅力ある業界をつくることが求められている。

こうした中、日本電設工業協会では即戦力となる外国人材の受け入れに向け、特定技能制度への対応を本格化している。電気設備工事も特定技能制度に追加され、特定技能外国人を雇用できるようになった。

06 空調衛生設備工事業 ——上限規制対応が最大の課題

電設協と共同で要請活動展開

　日本空調衛生工事業協会（日空衛）は、2023年度の事業計画に「"建設業の2024年問題"と言われる改正労働基準法による時間外労働の上限規制への対応」を業界最大の課題として位置付けた。

　同協会では18年3月に「働き方改革の推進に関する行動計画」を策定し、24年3月末までの猶予期間中に段階的に時間外労働を減らし、併せて週休二日を定着させるための活動を進めてきた。

　会員各社による精力的な取り組みにより、年々改善傾向はみられるが、21年度の調査では、年間で労基法の特別条項の上限を超える時間外労働を行った従業員の割合が全体で13.7%、施工現場では21.1%という結果となった。

　引き続き、BIMの推進、ICT技術、ロボット技術の活用などによるさらなる生産性の向上とともに、施工現場の4週8閉所の拡大促進を図り、働きやすい職場環境の実現を進める。

　こうした中、同協会は適正な契約や時間外労働の上限規制といった共通の課題を抱える日本電設工業協会とタッグを組み、状況の打開に乗り出した。元請けや発注者などの団体・関係機関に対する要請活動を展開している。日空衛の藤澤一郎会長は「カレンダーどおりに休める業界にしていくことが持続可能な建設業を実現させる上で大きなポイント」と強調する。

07 情報通信設備工事業 ——事業構造改革で収益拡大

営業減益から増益への転換

　情報通信設備工事業界は、新型コロナウイルス感染症の影響でデジタル化が加速する流れを追い風に、コロナ禍でも成長を果たしてきたが、大手3社の2023年3月期決算では、エクシオグループが唯一受注高を伸ばし、コムシスホールディングス（HD）、ミライト・ワンの2社が減らした。3社とも営業減益となった。24年3月期の通期業績予想は、コムシスHD、ミライト・ワンの2社が受注増、エクシオグループが減少を見込む。収益面では3社とも増収・営業増益を見込んでいる。

　エクシオグループは、都市インフラ分野の大規模データセンター（DC）構築や新築ビルの電気工事などに加え、システムソリューションでも伸ばした。コムシスHDは、NTT事業の前期からの反動減のほか、社会システム関連事業で資材不足などが影響して受注減となった。ミライト・ワンは、特需だった高度無線環境推進事業の減少などが響き受注が減少した。

　柱の通信キャリア事業は、5G（第5世代移動通信システム）基地局などの需要が今後も見込まれるものの、長期的にみると通信キャリアの建設市場の中でも固定系は縮小していく可能性がある。このため、各社ともキャリア事業を維持しながらも他の領域、とくにカーボンニュートラル対応をはじめとする社会インフラ事業などを拡大し、収益拡大につなげようとしている。

08 専門工事業 ——若年層中心に担い手確保へ

技能実習生募集を開始

　全国で進む人口減少の波に加え、建設技能者の高齢化が顕著な専門工事業界にとって、若年層を中心とした担い手の確保・育成は喫緊（きっきん）の課題だ。

　そのための手段として、賃金水準の向上や休日の確保を含めた処遇の改善が急務となっているが、日給制が大半を占める技能者は休日の増加が結果として収入の減少に直結する。仕事の繁閑コントロールが難しい専門工事業にとって、休日の確保と所得を両立させる月給制への移行は簡単ではない実態もある。

　担い手確保に向けて建設産業専門団体連合会（建専連）は、2023年度事業計画の新規事業に技能実習生の募集を盛り込んだ。働き方改革の一環として、日本建設業連合会が夏季（7〜9月）を「建設現場の4週8閉所」の取り組み強化月間に設定したことなどに併せて、会員団体に3か月間を「夏季週休二日期間」として可能な取り組みを行うよう求める方針も打ち出した。

　ただ、建専連が実施した週休2日制や技能者の処遇・評価などに関する調査によると、24年4月から建設業に適用される時間外労働の罰則付き上限規制について、規制内容を理解していない専門工事業が4割を占めた。発注者の理解・協力と建設業界を挙げた働き方改革が求められる中、専門工事業への周知不足が浮き彫りになった。

09 建設コンサル
——新領域に裾野広げ収益拡大

アセットマネジメント社会実装を推進

　国土強靱化対策や防衛関係の基盤整備の大型予算などを背景に、建設コンサルタント業界は堅調に推移している。

　建設コンサルタンツ協会が2023年5月に公表した「中期行動計画2023〜2026」では、今後重要さが増すアセットマネジメントの社会実装を促して新たな市場拡大を図ることや、特別本部を立ち上げてDX（デジタルトランスフォーメーション）施策を推し進めていくことを打ち出した。DX推進に当たっては、▷受発注者協働による働き方改革▷i-ConstructionおよびBIM／CIMの推進▷街・地域づくりの推進▷建設コンサルタント企業のDX推進——の4テーマを柱とした。

　建設コンサルタント業界では、最大手の日本工営グループが純粋持株会社体制に移行し、23年7月にID＆Eホールディングスを設立した。コンサルティング、都市空間、エネルギーの3つの事業部門が独立した会社組織として、事業軸を強化していく。中期経営計画では、24年6月期の売上収益1550億円、営業利益115億円、営業利益率7％を目標に掲げる。パシフィックコンサルタンツは中期経営計画2024で、24年9月期の売上高800億円、営業利益率8％を目標に据える。建設技術研究所は中期経営計画2024で、24年末の売上高850億円、営業利益率9％を目指す。

10 設計事務所 ——脱炭素化・木材利用がかぎに

改正建築物省エネ法に対応

2050年カーボンニュートラル（CN）を見据え、建築物の脱炭素化、ZEB（ネット・ゼロ・エネルギー・ビル）化は重要課題となってきた。22年6月に成立した改正建築物省エネ法をふまえた対応も不可欠になる。

改正建築物省エネ法は一部規定を除き、公布から3年以内に施行する。省エネ基準適合義務化の対象に住宅と小規模建築物（300㎡未満）を追加し、25年度以降に新築される原則全ての住宅・建築物で義務化する。施策の柱の1つに木材利用促進を盛り込んだ。関連規則では、防火規制の合理化として、大規模建築物で大断面を活用した建物全体の木造化などを可能にする。脱炭素に加えて木材利用も今後を見据えるキーワードになるだろう。

日本建築士会連合会は23年度、建築物の脱炭素化技術講習に着手してCPD（継続能力開発）や専攻建築士制度を普及・推進する方針を打ち出した。改正建築物省エネ法および改正建築基準法の円滑な施行への協力も重点施策に掲げる。

設計事務所には、民間建築はもちろん公共建築でのZEB化を後押ししようと、ZEB実現に向けたプロセスや流れをわかりやすくまとめたガイドラインを公共工事発注者向けに提供する動きも出てきた。脱炭素化に向けた民間・公共の連携は広がりをみせそうだ。

11 セメント・生コン
——国内需要低調が続く

メーカー各社の企業戦略問われる

　セメント協会がまとめた2022年度のセメント国内販売数量は、前年度比1.6%減の3726万4600tで、4年連続で減少した。同様に、全国生コンクリート工業組合連合会がまとめた生コンクリートの22年度出荷実績も2.2%減の7445万2013㎥となった。前年を下回るのは4年連続で、過去最低値を更新した。セメント・生コンクリートの国内需要は依然として低調だ。

　今後、国土強靱化対策の推進や大都市圏の再開発事業により一定の需要は見込めるが、人口が減少局面にある国内でセメントの需要が右肩上がりになっていくことは考えにくい。こうした背景をふまえ、セメントメーカー各社はセメント工場の縮小や生産能力の調整を余儀なくされている。

　UBE三菱セメントは、23年3月末から青森工場の操業を停止、伊佐セメント工場は生産を縮小した。デンカは25年上期をめどにセメント生産と石灰石の採掘を停止し、セメント事業から完全撤退する予定だ。

　国内のセメントメーカーは1984年の24社から2022年4月までに16社まで減少した。ただ、セメント工場には、インフラ整備に不可欠なセメントの生産に加えて、産業、災害廃棄物の受け入れなど静脈産業としての役割がある。こうした面からも、産業の生き残りをかけた企業戦略が今後より問われることになる。

12 住宅設備・建材 ──リサイクルの動向に注目

アルミは100%目標

　カーボンニュートラル（CN）実現に向けて2022年に改正建築物省エネ法が成立した。住宅分野も省エネ基準引き上げなどが控えており、住宅設備・建材関連の各社が強みを生かす技術開発にしのぎを削っている。

　大きなテーマとなるのが材料・製品のリサイクルだ。スクラップや廃棄予定の商品の再利用検討が進むほか、リサイクルしやすいアルミニウムは、CO_2削減と資源循環の観点からも各社が力を注いでおり、LIXILは30年度までにリサイクルアルミの使用比率を100%とする目標を掲げた。

　製品製造時のCO_2排出量削減にも注目が集まる。工場では、太陽光発電などの再生可能エネルギー活用は必須と言え、運搬も含めたサプライチェーン全体のCO_2削減策を検討する専門部署を設立する動きも出ている。工場ではロボットと共生するスマートファクトリー化も進む。工場ラインの生産性向上と省人化は、工場の稼働の平準化にもつながり、人手不足という業界の共通課題への対応策として期待されている。

　ウクライナ危機などによる混乱の影響が残るサプライチェーンへの手当ても急務で、各社は調達先の複線化や在庫情報のリアルタイム把握、在庫の積み増しを図る。消費地近隣に最終生産体制を構築するなど製品の安定供給に動く大手メーカーもある。

13 不動産業
——アフターコロナで差別化

住宅は高品質化、オフィスには新たなニーズも

　不動産業界においても、ロシアのウクライナ侵攻などによるサプライチェーンの混乱や資材・エネルギー価格上昇の影響が残る。一方、アフターコロナ社会が到来し、業界各社はコロナ禍で変化したライフスタイルや価値観を捉えた事業展開で他社との違いを生み出そうとしている。

　住宅分野では、金利の低さなどを背景として首都圏を中心に分譲マンションの高い需要が継続している。工事費、エネルギーなどの価格上昇に対して大手デベロッパーは、高品質化などによる価格転嫁を目指している。建築費の高騰にともない大手各社が慎重に用地取得を進めた結果、東京都心部の供給戸数が減少したことが価格転嫁しやすい要因の1つとなっている。

　都心のオフィスではIT企業の出社率回復などで空室が埋まり始めた。リモートワークが浸透したコロナ禍は、リアルな交流の価値を見直す契機になり、社員同士の交流促進や働く場所を選べるオフィスレイアウトなどニーズが変化している。

　コロナ禍で苦しんだホテル分野は、人手不足などから稼働率が戻らないといった課題はあるが、インバウンドは回復傾向で、富裕層をターゲットにしたハイクラス施設の需要が高い。物流施設についてはEC（電子商取引）の拡大を背景に建設需要は底堅いが、1㎡当たりの工事予定額の上昇や好立地の確保が課題だ。

第 **5** 章

建設市場の動向

01 国内建設市場の動向

名目建設投資は2.6%増の68兆4300億円

　建設経済研究所と経済調査会が2023年4月に公表した「建設経済モデルによる建設投資の見通し」によると、23年度の建設投資（名目）は前年度比2.6%増の68兆4300億円となる。政府建設投資と民間住宅投資が微増、民間非住宅建設投資は同水準になると予測している。

　23年度名目建設投資見通しの内訳は、政府建設投資が2.3%増の23兆9400億円。国の直轄・補助事業と地方単独事業費については前年度並みと予測し、21年度・22年度補正予算に係る<ruby>係<rt>かか</rt></ruby>るものの一部が23年度に出来高として実現すると想定している。

　民間住宅投資は、1月推計から4800億円下方修正して、1.1%増の16兆3200億円。住宅着工戸数は0.4%減の85万戸を見込む。建設コストの高止まりや住宅ローン金利の上昇に対する懸念の影響で先行き不透明感は続くと予測している。22年の持家着工戸数は全ての月で前年比が減少しており、注文住宅大手の受注速報でも厳しい状況が続いている。

　民間非住宅建設投資は、0.9%増の19兆1900億円と予測。引き続き設備投資の持ち直しがみられるため、名目値・実質値ベースともに前年度と同水準になると予測している。

02 建築工事市場の動向

民間住宅投資は1.1%増の16兆3200億円

　建設経済研究所と経済調査会が2023年4月にまとめた23年度の建設投資の見通しによると、民間住宅投資（名目）は前年度比1.1%増の16兆3200億円。新設着工戸数は前年度と同水準とみているが、名目値ベースの投資額は微増と予測している。

　持家着工戸数は0.5%減の25万2000戸。住宅取得に対するマインド回復は厳しく、慎重な動きが続くと想定している。貸家着工戸数は建設コストの高止まりや金利先高観の影響などから0.2%減の34万1000戸と予測した。分譲住宅は0.9%減の25万戸。マンションが大都市圏での底堅い需要を見込む一方で、戸建の堅調さは一服すると見通す。

　民間非住宅建設投資は、0.9%増の19兆1900億円。事務所は当面、首都圏の大型再開発案件を中心に堅調に推移するとみている。店舗は個人消費の拡大により安定した投資が続く一方、コスト増により営業利益率の低下が懸念される。

　工場はコスト増の影響などを注視する必要があるほか、倉庫・流通施設は首都圏と地方都市圏で高水準に物流施設の供給が続くと予測。医療・福祉施設は堅調な推移を見込む。宿泊施設は、アフターコロナを見据えたインバウンド（訪日外国人客）需要を見込んだ高級ホテルの建設計画などが控えており、当面は堅調に推移すると想定している。

03 土木工事市場の動向

土木投資は1.0%減の24兆2900億円

　建設経済研究所と経済調査会が2023年4月にまとめた23年度の建設投資見通し（名目）では、土木投資は前年度比1.0%減の24兆2900億円となる見通し。

　政府土木投資は0.6%増の17兆6600億円で、このうち公共事業が0.3%増の15兆1500億円、その他は2.4%増の2兆5100億円を見込んでいる。

　一方、民間土木投資は5.2%減の6兆6300億円。発電用投資の受注額が回復しつつあり、鉄道工事も堅調に推移しているが、足元では電線路工事などが伸び悩んでいるとみられる。

　また、22年度の土木投資は2.2%増の24兆5400億円を見込んでいる。内訳は政府土木投資が2.6%増の17兆5500億円、民間土木投資は1.0%増の6兆9900億円とした。政府土木投資のうち、公共事業は0.7%増の15兆1000億円、その他が16.7%増の2兆4500億円となる見通し。

　公共事業の15年度からの推移をみると、15年度が11兆9549億円、16年度は12兆8986億円、17年度は13兆3094億円、18年度は13兆5472億円、19年度は14兆1949億円、20年度は15兆5400億円と5年連続で増加したが、21年度は6年ぶりに減少に転じた。22年度は0.7%増、23年度は0.3%増となる見通しで、21年度と同水準の投資額が続くとみている。

04 道路工事市場の動向

NEXCO3社が事業規模約1兆円の更新計画

　NEXCO3社（東日本、中日本、西日本）は2023年1月、新たに更新が必要な箇所を対象に更新計画（概略）をまとめた。総延長約500kmで、概算事業費は約1兆円と試算した。

　更新計画の延長と事業費の内訳は、東日本が延長180kmで3000億円、中日本は延長130kmで4000億円、西日本が延長190kmで3000億円。更新対象は「橋梁」と「土工・舗装」の2つの区分に分けた。主な対策と延長、概算事業費について、橋梁は、桁の架け替えや充填材の再注入が約30kmで約2500億円、床版取り替えが約20kmで約4500億円とした。土工・舗装は、舗装路盤部の高耐久化が約440kmで約2400億円、切土区間のボックスカルバート化と押え盛土は2カ所で約200億円、盛土材の置き換えは約4kmで約400億円を見込む。

　3社が管理する高速道路延長約1万kmのうち、約1360kmで15年から更新事業を実施中だ。32年3月には、高速道路延長約1万kmのうち、約6割で供用後40年以上が経過する。

　高速道路の更新や改良に必要な財源確保に向けて、道路整備特別措置法と日本高速道路保有・債務返済機構法が改正され、料金徴収期間が最長で2115年9月30日まで延長されることとなった。

コンサルは2年連続で減少、測量のみ増加

国土交通省がまとめた「建設関連業等の動態調査報告」によると、建設関連3業種の2022年度契約金額（上位50社）は、建設コンサルタントが前年度比0.6％減の6290億円で、2年連続で前年度実績を下回った。地質調査業は20.6％減の630億円で4年ぶりの減少となり、測量業務は7.5％増の1094億円で3年連続の増加となった。

コンサルは、全体の約8割を占める主力の国内公共が2.6％減の5029億円と落ち込んだ。国内民間は14.7％増の945億円、海外は7.1％減の314億円となった。

地質調査は国内公共が14.2％減の375億円、国内民間は28.5％減の255億円、海外は291.7％増の4700万円となった。測量は国内公共が4.4％増の872億円、国内民間が17.9％増の205億円、海外が101.6％増の17億円といずれも増加した。

業種別契約金額（上位50社の合計）

年度	コンサル	測量	地質
2014	4,896億円	821億円	710億円
2015	4,771億円	900億円	670億円
2016	5,321億円	856億円	730億円
2017	5,390億円	807億円	702億円
2018	5,638億円	1,016億円	673億円
2019	6,230億円	916億円	715億円
2020	6,359億円	953億円	786億円
2021	6,328億円	1,017億円	793億円
2022	6,290億円	1,094億円	630億円

出典：国交省「建設関連業等の動態調査報告」

06 電気、管、計装市場の動向

受注総額は2年連続増加

　国土交通省が公表した2022年度の「設備工事業に係る受注高調査結果」（各工事主要20社）によると、受注総額は前年度比10.6%増の3兆7120億4400万円だった。2年連続で増加し、直近5年で1番高い水準となった。発注者別では民間が12.8%増の3兆4119億7200万円、官公庁が9.9%減の3000億7200万円となっている。

　工事種類別にみると、電気工事の全体受注高は11.4%増の1兆8422億3300万円。うち、元請受注は7.0%増の8748億4000万円、下請受注は15.8%増の9673億9300万円。民間からの受注は12.5%増の1兆6861億2700万円、官公庁が1.5%増の1561億600万円だった。

　管工事の全体受注高は7.9%増の1兆6175億8700万円。元請受注は6.6%増の7069億4600万円、下請受注は9.0%増の9106億4100万円となった。民間からの受注が11.5%増の1兆4991億2200万円、官公庁が23.1%減の1184億6500万円だった。

　計装工事の全体受注高は5.2%増の4139億9300万円。うち、元請受注は2.8%増の1646億7900万円、下請受注は6.8%増の2493億1400万円。発注者別では民間が6.3%増の3754億9800万円、官公庁が4.5%減の384億9400万円となっている。

07 建築物リフォーム・リニューアル市場の動向

住宅4.6%増、非住宅4.0%減

　国土交通省がまとめた2022年度の「建築物リフォーム・リニューアル調査報告」によると、建築物リフォーム・リニューアル工事の受注高は、前年度比1.2%減の11兆5545億円となった。内訳は、住宅に関する工事が4.6%増の3兆9200億円、非住宅に関する工事が4.0%減の7兆6344億円。

　工事種類別にみると、住宅に関する工事は増築が27.4%減の500億円、一部改築が9.0%増の1084億円、改装・改修が5.5%増の3兆630億円、維持・修理が3.0%増の6977億円となった。

　非住宅建築物に関する工事は、増築が19.2%減の4741億円、一部改築は20.0%減の1501億円、改装・改修および維持・修理は合計で2.3%減の7兆103億円だった。

　住宅の用途別内訳は戸建て住宅が7.1%増の2兆1334億円、戸建て店舗等併用住宅が29.6%減の692億円、長屋建て住宅が12.2%減の126億円、共同住宅が3.7%増の1兆7039億円だった。

　非住宅は、生産工場（工場、作業所）が2.1%減の1兆8072億円、事務所が2.8%増の1兆6837億円となった。飲食店は29.7%減の1549億円、医療施設は9.3%減の4319億円などとなっている。

08 PPP/PFI市場の動向

水道の官民連携で新たな枠組み

内閣府がまとめた2021年度のPFI事業の実施状況によると、21年度に実施方針を公表した事業は前年度と同じ58件だった。78件だった19年度に比べ25.6%減となっており、新型コロナウイルス感染症による影響が継続しているとみられる。契約金額は前年度比10.6%増の4577億円だった。

コンセッション（運営権付与）方式の活用を前提とした事業は、5件で前年度と同数だった。このうち、新秩父宮ラグビー場（仮称）整備・運営等事業は、民間事業者が自らの提案をもとに新ラグビー場を設計・建設し、JSC（日本スポーツ振興センター）に所有権を移すBT（建設・譲渡）方式と、維持管理・運営へのコンセッションを併用する。スタジアム・アリーナへのコンセッション導入拡大は、内閣府の「PPP／PFI推進アクションプラン」の柱の1つで、今後の普及拡大が期待されている。

23年6月に改定した23年版「PPP／PFI推進アクションプラン」では、PFI活用を進める新分野に、ハイブリッドダムや自衛隊施設、漁港などを位置付け、計画期間の31年度までに13の重点分野で575件の具体化を目指す。水道関係では、長期契約で管理と更新を一体的にマネジメントする「管理・更新一体マネジメント方式」とコンセッションを合わせた「ウォーターPPP」の導入を盛り込んだ。

22年度の海外建設受注の動向

コロナ前のピークに迫る

海外建設協会がまとめた会員企業の2022年度海外建設受注実績によると、受注総額は前年度比14.6%増の2兆485億1000万円で、過去最高額だった19年度に次ぐ水準となった。新型コロナウイルス感染症の影響で20年度には1兆1142億円まで落ち込んだが、2度目の2兆円突破を果たした。コロナ禍から立ち直ったアジア、北米の需要回復が伸びをけん引した。

受注総額の内訳は本邦法人が74.3%増の6799億7100万円、現地法人は2.1%減の1兆3685億3900万円だった。本邦法人の伸びは、大型のODA（政府開発援助）案件などが後押しした。

資金源・発注者別にみると、現地企業が0.2%増の8338億円、日系企業は44.1%増の5085億円、公共（自己資金）は8.5%減の3901億円、ODAの円借案件は122.2%増の2891億円。円借案件は19年度の3709億円から20年度は516億円まで落ち込んだが、22年度は3000億円近くまで持ち直した。

地域別では、アジアが14.0%増の1兆1244億2500万円で受注総額の54.9%を占めた。シンガポールの病院や、フィリピンの地下鉄などといった大型案件が寄与した。次いで北米が33.1%増の6682億700万円、大洋州は39.5%減の858億8900万円、東欧は16.0%減の761億3700万円、中南米は172.5%増の396億4000万円などと続いた。

第 6 章

災害に備え 立ち向かう

01 関東大震災から100年

過去を教訓として将来への備え万全に

1923年の関東大震災から2023年9月1日で100年の節目を迎える。首都直下地震や南海トラフ地震が近い将来に発生すると予想され、水災害も激甚化・頻発化するなど、災害発生の危険性が高まる中、史上最悪の被害となった未曾有の大災害を教訓に、将来への備えを万全なものにしていくことがいま、求められている。

マグニチュード7.9と推定される関東大震災の発生により、南関東から東海までの広い範囲で、約30万棟の家屋が全壊・全焼・流出し、道路、鉄道、電気、水道などのライフラインにも甚大な被害が生じた。死者・行方不明者数の約10万5000人は、2011年に発生した東日本大震災の約5倍に上る。

人的被害の9割は、建物の倒壊などにともなって生じた火災による焼死とされる。そのため、1924年に成立した改正市街地建築物法で建物の耐震基準が導入され、その後も基準が引き上げになるなど、災害の強度に合わせて防災・減災対策の"進化"が行われてきた。

2013年には議員立法で国土強靱化基本法が成立し、「国土強靱化」という新たな理念が浸透。18年から「防災・減災、国土強靱化のための3か年緊急対策」が始まり、20年にはその後継となる「防災・減災、国土強靱化のための5か年加速化対策」が取りまとめられるなど、ハード・ソフトの両面から、強くてしなやかな国づくりが進められている。

02 国土強靱化「ポスト5か年」を巡る動き

改正法成立、新対策の前倒しスタートも

　政府が2020年度にまとめ、全国で取り組みを推進中の「防災・減災、国土強靱化のための5か年加速化対策」は、風水害や大規模地震への対策など3つの柱に沿った123項目から成る。期間は21年度から25年度までの5年間で、事業費は総額15兆円程度。23年度から後半戦に突入し、終わりがみえてきた中、自治体や建設業界からの継続を求める声を受けて政治が動き、後継となる"ポスト5か年対策"の策定に道筋が付いた。

　自民・公明両党は22年11月に与党のプロジェクトチームを立ち上げ、国土強靱化基本法の改正に向けた検討作業に着手。議員立法として23年通常国会に改正法案を提出し、23年6月14日の参院本会議で可決、成立した。

　政府による国土強靱化実施中期計画の策定を法定化したことが最大のポイントだ。これにより、通常予算とは別枠計上の5か年加速化対策に相当する計画に法的根拠を持たせ、対策の継続性を担保した。

　5か年加速化対策の予算は、総額15兆円程度のうち7割近い約9.9兆円をすでに措置済み。これまでと同じペースで予算を措置すると、最終年度に大幅縮小となるため、5か年加速化対策の期間終了を待たず、1年前倒しで新たな対策をスタートすべきとの声が与党プロジェクトチームのメンバーから上がっている。

03 盛土規制法が施行

全国一律の基準で包括的に規制

　静岡県熱海市で2021年7月に発生した大雨にともなう盛り土の崩落により、大規模な土石流災害が生じて人命が失われたことを受け、22年の通常国会で成立した盛土規制法（改正宅地造成等規制法）が23年5月に施行され、法の運用が始まった。宅地や森林、農地など土地の用途にかかわらず、全国一律の基準で包括的に盛り土を規制するとともに、罰則を強化した点が特徴だ。

　法にもとづき、都道府県、政令市、中核市の首長は、地震や降雨による盛り土の崩壊、土石流化などの恐れがあるエリアを規制区域に指定する。規制区域内では、一定規模以上の盛り土・切り土行為や、ストックヤードへの仮置きといった一時的に土石を堆積する行為は、許可を受ける必要がある。無許可での行為実施など悪質な者に対する罰則は懲役3年以下、罰金1000万円以下で、法人にはさらに重い罰金3億円以下を科す。

　さらに、盛土規制法の実効性を高めるため、同法の施行に併せて、盛り土材となる建設発生土の規制が資源有効利用促進法の枠組みで強化された。ストックヤード運営事業者を国土交通大臣が登録する制度も創設されている。一定量以上の建設発生土が生じる工事の元請業者は適切に対応する必要があり、盛土規制法に違反した場合は、同法の罰則に加え、建設業法でも厳しい営業停止処分が科されることになる。

04 復旧・復興JVで考え方・ルール整備

大規模災害時の選択肢に

　大規模な災害が発生すると、復旧・復興への対応で突発的に建設工事需要が著しく増大し、地元建設業者だけでは施工体制を確保できなくなる場合がある。こうしたケースでは、入札不調・不落の発生率が上昇するなど、迅速な復旧・復興に支障が出る恐れがあるため、国土交通省は被災地域の地元建設業者と地域内外の建設業者がJVを結成する復旧・復興JVについて、適用の考え方と直轄工事の運用ルールを定めた。

　大規模災害（激甚災害に指定された災害、激甚災害に指定される見込みの災害などその他のとくに激甚な災害）からの復旧・復興工事に適用できる。大規模な工事と技術的難易度の高い工事は除く。

　構成員は同程度の施工能力を持つ者の組み合わせとし、被災地域の地元建設企業を1社以上含むこととする。国交省は「同程度の施工能力」について、適用の考え方で「必ずしも同等級を求めるものではない」との解釈を示し、異なる等級の企業同士でも結成可能とした。直轄工事の運用ルールでは、独自の取り扱いとして、同一または1ランク異なる企業同士で結成できるとしている。

　復旧・復興JVは大規模災害時に必ず適用するものではなく、直轄工事では地方整備局長らが適用を判断すると定めるなど、有事の際に公共発注者が取り得る選択肢の1つとなる。

05 直轄河川の地下空間活用へ

地下放水路整備など都市の治水対策検討

　国土交通省は、これまで活用していなかった直轄河川の地下空間に着目し、都市部を念頭に置いた新たな治水対策のメニューとして地下放水路などを整備する方策を検討している。学識者らで構成する勉強会を2023年3月に立ち上げた。23年内の議論取りまとめを目指している。

　現状の治水対策は、上流部にダムや遊水地を整備し、下流部で築堤や河道掘削などを実施している。市街化の進行により、下流部で築堤を整備する際は、多数の家屋を移転する必要がある。河道掘削も橋梁などの構造物に影響を及ぼす可能性があり、実施のハードルが高いケースが存在する。

　直轄河川の地下空間は、堤防や護岸に影響が生じるリスクがあるとして、これまで原則として活用を認めていなかった。しかし、都市部における治水対策の選択肢が狭まる中、気候変動の影響で水災害が激甚化・頻発化していることなどをふまえ、地下空間活用の可能性を探るため、勉強会を立ち上げた。

　大深度の地下空間を活用する場合は、施設整備や維持管理の費用が高くなるという課題がある。勉強会では、低コストで整備・維持管理でき、メンテナンスもしやすい地下放水路などの治水対策を検討している。地下利用の優先順位を示すマスタープランの策定が必要との意見も挙がっている。

06 市町村の災害復旧事業

国交省が支援に注力、制度改善など試行

　国土交通省は、市町村が実施する災害復旧事業の支援に力を入れている。予算と人員の両面で課題を抱える小規模市町村は突発的に業務量が増大する災害復旧事業への対応が難しく、迅速な事業の実施に支障が生じる恐れがあるためだ。災害復旧事業の制度改善に向けた試行などを進めており、支援の充実・強化に引き続き取り組む。

　大規模災害時に災害査定の手続きを迅速化する「早期確認型査定」を2022年度に発生した災害の一部被災地域で試行した。査定前の設計を不要とし、査定後に行う詳細設計に一本化するもので、事業のスピードアップ効果が期待できる。

　事業の効率化に向けて「災害復旧事業におけるデジタル技術活用の手引き（素案）」も22年度にまとめ、都道府県を含む全国の自治体で実証を始めた。

　22年に策定した「市町村における災害復旧事業の円滑な実施のためのガイドライン」は、市町村にとって使いやすいガイドラインにする観点から23年4月に改正した。応急対策職員派遣制度やTEC－FORCE（緊急災害対策派遣隊）など、市町村の災害復旧事業を支援する各種制度の活用場面と支援内容を体系化した「活用早見表」を新たに盛り込んでいる。予算面に制約のある市町村を念頭に、各支援制度の費用負担と相談先も追加掲載した。

07 インフラメンテナンス市区町村長会議

全国大会を初開催、国への提言を決議

インフラメンテナンス市区町村長会議は2023年5月、東京都内で初の全国大会を開き、持続可能なインフラメンテナンスの実現に向けて財政面や技術面の支援強化、新技術の開発・普及、必要な制度改正などを国に求める提言を決議した。

インフラメンテナンスに関心がある市区町村長で構成する同会議は、予防保全への本格転換や新技術の活用など、自治体の効率的・効果的なインフラメンテナンス実現を目的に22年4月に発足。高橋勝浩東京都稲城市長が代表幹事を務める。インフラメンテナンス国民会議の下部組織に位置付けられ、23年4月末時点で全市区町村の54.8%に当たる954市区町村の首長が参画している。

国への提言には、市区町村が実装可能なAI（人工知能）やデジタル技術を含む新技術の開発・普及、「防災・減災、国土強靱化のための5か年加速化対策」後の中期的な事業計画の早期策定と5か年加速化対策以上の予算規模確保、財政支援の強化、産学官連携のさらなる推進、市区町村の技術職員確保、技術的支援や研修体制の強化・充実などを盛り込んだ。

大会では23年度の事業計画も決めた。関係省庁への要望や首長同士の情報交換、全国9ブロックでのシンポジウム開催によるインフラメンテナンスの知見・意識向上などに取り組む。

08 日本海溝・千島海溝地震で強化地域

中央防災会議が7道県108市町村を指定

　政府の中央防災会議は2022年9月、改正日本海溝・千島海溝地震対策特別措置法にもとづく地震防災対策推進地域、津波避難対策特別強化地域を決めた。推進地域は8道県の計272市町村で、このうち特別強化地域には7道県の計108市町村を指定した。

　推進地域は、科学的に想定し得る最大規模の日本海溝・千島海溝地震を前提に、震度6弱以上の地域、津波高3m以上で海岸堤防が低い地域などを指定基準とした。06年に117市町村を指定したが、今回は茨城県、栃木県、千葉県を中心に155市町村を追加した。

　特別強化地域の指定は、津波で30cm以上の浸水が地震発生から40分以内（茨城県以南は30分以内）に発生する地域、特別強化地域の候補市町村に挟まれた沿岸市町村などが基準。北海道、青森県、岩手県、宮城県、福島県、茨城県、千葉県の7道県の沿岸地域を指定した。

　特別強化地域に指定された市町村は津波避難対策緊急事業計画を作成する。計画にもとづき津波タワーなどの避難場所や避難路を整備する場合は、整備費用に対する国の負担割合を2分の1から3分の2に引き上げる。

　また、日本海溝・千島海溝地震に対する防災対策推進基本計画を変更し、今後10年間で達成すべき減災目標として、想定される死者数の8割減を掲げた。

09 南海トラフ地震防災対策基本計画見直し

被害想定手法検討会を設置、24年春以降取りまとめ

政府は南海トラフ地震の地震防災対策の基本方針や減災目標などを定めた「南海トラフ地震防災対策推進基本計画」の見直しを進めている。2024年に現行計画期間の10年を迎えることから、防災対策の進捗を確認するフォローアップ用の被害想定手法とともに、次の目標を定めるため最新の知見をふまえた新たな被害想定手法を検討する。24年春以降に報告書を取りまとめる。

政府は12年8月と13年3月に南海トラフ巨大地震の被害想定を公表し、この被害想定をもとに14年3月に現行計画を策定した。計画では防災対策の推進により、10年間で想定死者数を8割減少、建築物の全壊棟数を5割減少させることなどを目標としている。

23年2月に内閣府の下に設置した「南海トラフ巨大地震モデル・被害想定手法検討会」では、防災対策の進捗状況の確認と経済社会情勢の変化をふまえた被害想定の見直しに向けて、最新の知見にもとづく津波高や地震分布の推計、被害想定の計算手法など技術的な要素を議論している。

また、中央防災会議の「南海トラフ巨大地震対策検討ワーキンググループ」の初会合も23年4月に開かれた。基本計画の見直しに向けた防災対策の進捗状況を確認するとともに、検討会で検討した手法をもとに被害想定を見直し、新たな防災対策の検討を進めている。

10 流域治水 "自分事化" へ行動計画

記念日・週間や表彰制度を創設へ

　国土交通省は、市民や企業などあらゆる関係者が流域治水を "自分事" として捉え、取り組みを持続するための施策を盛り込んだ行動計画をまとめた。「知る」「自分事化」「行動」「質の向上」の4つの観点で推進する取り組みを整理。流域治水に対する意識を醸成し、国民的な運動や文化へ発展させることを目指す。

　主な施策として、知ってもらうための取り組みでは2024年度以降に「流域治水の日（週間）」の創設を目指す。対象の日時（期間）は流域治水の気運醸成に向けた取り組みを全国で一斉に実施し、国民の意識向上につなげる。

　自分事化を促す取り組みでは、水害伝承に関する情報を収集し、避難行動を促す優れた事例を認定する制度を新設。また、水害伝承活動に接する機会を創出するためのプラットフォームも構築する。

　行動を誘発する施策として、流域治水に取り組む企業などを認定する「流域治水オフィシャルサポーター制度」の運用を始める。認定企業の活動は国交省のウェブサイトなどで紹介される。

　質の向上に関する取り組みでは、「流域治水大賞」を24年度に創設する。企業や団体、行政、個人、学校などから流域治水に寄与する活動を募集し、優れた取り組みを顕彰。インセンティブ（優遇措置）を設けることにより、取り組みの拡大を後押しする。

11 xROADで舗装マネジメントを高度化

データ活用を充実し予防保全型への転換を加速

　国土交通省は、道路データプラットフォーム「xROAD（クロスロード）」を活用した舗装マネジメントの高度化に取り組んでいる。点検・診断、維持管理、修繕の各段階でデータ活用の取り組みを充実し、予防保全型メンテナンスへの転換を加速する。

　維持管理では舗装の定期点検結果をxROADの道路基盤地図上に表示し、舗装状態や修繕履歴を見える化する管理者向けアプリケーションを2023年度にも開発する。大縮尺の地図に点検結果を表示して精緻な把握につなげることが狙い。まずは直轄国道で適切な対策が行われているかの確認に活用する。

　xROADのデータ分析で得た知見を対策に生かすため、舗装の修繕設計段階での検討を充実させる。23年度から各地方整備局などで、建設コンサルタント向けの舗装の修繕設計業務を1件以上発注する。民間技術者の育成に向けて、直轄の舗装修繕設計業務で、舗装設計（計画・調査・設計）に関する国交省登録資格を要件化することも検討する。

　点検に関しては、現状は多くが目視で実施していることから、AI（人工知能）やICTの活用を進める。23年度から直轄国道の舗装の定期点検で「点検支援技術性能カタログ」掲載の技術活用を原則化した。土木研究所所有の移動式たわみ測定装置（MWD）の実用化に向けた取り組みも進める。

第 **7** 章

地方再生・創生への道のり

01 新たな国土形成計画

「シームレスな拠点連結型国土」を目指す

　国土づくりの長期的な将来ビジョンを示す新たな国土形成計画では、地方に軸足を置き各地域の地域力を国土全体でつなぐことを目指す。その実現に向けた国土構造の基本構想に「シームレスな拠点連結型国土」を掲げた。リニア中央新幹線を軸に三大都市圏を結ぶ「日本中央回廊」や、太平洋側と日本海側の二面活用などで内陸部も含めた連結を強化する「全国的な回廊ネットワーク」の形成を図る。

　国土の刷新に向けた重点テーマの1つに、生活圏人口10万人以上を目安に地方の豊かさと都市の利便性を兼ね備えた「地域生活圏」の形成を設定した。デジタルライフラインの整備や先端技術サービスの社会実装を進め、デジタル技術の徹底活用により生活サービス提供機能を高めることで、実際の地域空間の生活の質の向上につなげる。

　持続可能な産業への構造転換も重点テーマに据えた。半導体や蓄電池など成長産業の国内生産拠点の形成・強化を進めるとともに、データセンターなどの分散立地を促進する。

　分野横断の重点テーマには、国土基盤の高質化を位置付けた。地域の安全・安心を確保するため、防災・減災、国土強靱化の取り組みを推進するほか、計画的な整備や維持管理、効果的活用による戦略マネジメントを徹底し、ストック効果の最大化を図る。

02 半導体・デジタル産業戦略を改定

データセンターの分散立地を促進

　経済産業省は、半導体とAI（人工知能）など情報処理関連分野の産業政策の方向性を示す「半導体・デジタル産業戦略」を改定した。デジタル社会を支えるデータセンターの新たな中核拠点整備について、整備費用を補助する地域に北海道と九州を提示。東京圏と大阪圏に8割以上が集中するデータセンターの分散立地を促し、大規模災害に備える。

　戦略の改定は、2021年6月の策定後初めて。国内で半導体を生産する企業の売上高を30年に合計15兆円超と、20年の3倍に引き上げる目標を掲げた。

　デジタル化の加速では、データセンターで処理が必要な通信量の増加が想定されることから、再生可能エネルギーの発電量が多い北海道と九州がデータセンターの適地になると見込んだ。整備補助費として、23年度から4年間で総額455億円を計上し、整備費用の2分の1を補助する。

　予算は国庫債務負担として設定する。23年度はいわゆる「ゼロ国債」で24年度以降、支援先に補助金を交付する。経産省では23年夏から秋にかけて支援先を募り、早ければ23年内にも採択先を選ぶ。土地造成や電力・通信インフラなどの整備を支援する。これに加え、早期整備の優先度がとくに高い案件と認められる場合は、データセンターの施設・設備などの整備も一体的に補助の対象とする。

03 地域公共交通の再構築で方向性

多様な関係者による連携・協働が不可欠

国土交通省は、交通政策審議会の交通体系分科会地域公共交通部会による「地域公共交通の再構築」に関する最終取りまとめを2023年6月に公表した。今後の地域公共交通施策では官民をはじめとする地域の多様な関係者の連携・協働が必要だとし、再構築に向けて、「交通政策のさらなる強化」「地域経営における連携強化」「新技術による高付加価値化」といった具体的な方向性を示した。

交通政策のさらなる強化では、地域公共交通のサービスを持続可能なものとするため、複数年にわたるエリア一括での支援制度が必要と指摘。社会資本整備総合交付金など地域の拠点整備を行うインフラ投資も組み合わせて、効果的に運用ができる仕組みの検討を求めた。

地域経営における連携強化については、駅やバスターミナルなどの交通結節点周辺に生活関連施設を集積し、沿線の需要創出によって都市全体の価値向上を図ることが重要だとした。

新技術に関しては、自動運転などのDX（デジタルトランスフォーメーション）、車両の電動化や再生可能エネルギーの地産地消などのGX（グリーントランスフォーメーション）が利便性向上や経営力強化につながるとし、新技術と地域課題を適合させた課題解決を求めた。

04 デジタル田園都市へ総合戦略を策定

地方の社会課題解決や魅力向上の取り組み推進

　政府は2022年12月、デジタル田園都市国家構想総合戦略を閣議決定した。まち・ひと・しごと創生総合戦略を抜本的に改訂し、27年度までの新たな総合戦略に位置付けた。デジタルの力を活用して地方の社会課題解決や魅力向上の取り組みを進め、デジタル実装に取り組む自治体数を24年度までに1000団体、27年度までに1500団体まで引き上げる。

　地方での雇用創出に向けては中小・中堅企業に対し、産学官や地域の金融機関によるDX（デジタルトランスフォーメーション）の支援体制の構築などに取り組み、年2%以上の生産性向上を図る。

　魅力的な地域の形成については人口10万人規模のエリアを目安に官民連携でデジタルを活用して生活の質の向上を目指す「地域生活圏」の形成を推進する。地域交通は官民や交通事業者間、他分野間の3つの共創による再構築に取り組む。防災・減災、国土強靱化の着実な実施や、デジタルを活用したインフラの維持管理の効率化も進める。

　デジタル活用に向けた基盤整備では光ファイバーの全国の世帯カバー率を27年度末までに99.9%まで高める。5G（第5世代移動通信システム）の人口カバー率は30年度末までに99%とする。全国十数カ所の地方データセンター拠点を5年程度で整備するほか、日本を周回する海底ケーブルを25年度末までに整備する。

05 ハイブリッドダムの具体化加速

23年度は全国3ダムで事業化へ調査

　国土交通省は、治水と発電の機能を強化するハイブリッドダムの具体化を加速する。2023年度は湯西川ダム（栃木県日光市）、野村ダム（愛媛県西予市）、尾原ダム（島根県雲南市）の3ダムで発電施設の新増設事業化に向けたケーススタディーを実施。調査結果をふまえ、24年度以降に事業者を公募するダムを選ぶ。また、23年度は増電のため運用を高度化するダムを国交省と水資源機構管理の計72ダムに拡大する。

　ハイブリッドダムは、官民連携により治水機能の強化と水力発電の増電を目指す取り組み。クリーンな発電でカーボンニュートラルに貢献するほか、増電した電力でダム立地地域の振興にもつなげる。具体的手法として、既設ダムの運用高度化、発電施設の新増設、ダム改造・多目的ダム建設の3つがある。

　3ダムで実施するケーススタディーでは、23年度上期ごろに民間事業者に意見聴取した上で事業の実現可能性や枠組みを検討し、事業者の公募要領案を作成する。

　尾原ダムは発電施設がなく、湯西川ダム、野村ダムは発電施設があるものの管理用発電に使われている。3ダムとも放流水を使った増電が期待できることから調査対象に選んだ。3ダムに新増設する発電施設の最大出力はそれぞれ数百から1000kW程度を見込む。合計の増電量は年間約2000万kWhを想定する。

06 大阪のIR整備計画が認定

建設関連投資7800億、29年開業目指す

　政府は2023年4月、大阪府と大阪市のIR（統合型リゾート）区域整備計画を認定した。国内初の認定となる。夢洲にカジノやMICE（国際的な会議・展示会など）、ホテルなど総延べ約77万㎡を整備する。初期投資額は約1兆800億円で、うち建設関連は約7800億円を見込む。29年秋から冬の開業を目指す。

　IR事業は日本MGMリゾーツ、オリックスなどが出資する大阪IRが担う。計画によると、夢洲の敷地約49.2万㎡に国際会議場（延べ約3.7万㎡）、展示（約3.1万㎡）、魅力増進（約1.1万㎡）、送客（約1.3万㎡）、宿泊（約28.9万㎡）、来訪・滞在寄与（約32.3万㎡）、カジノ（約6.5万㎡）を整備する。事業期間は35年間とし、年間約2000万人の来訪を見込む。

　スケジュールは、23年の工事発注・着手、29年夏から秋の工事完了、同年秋から冬の開業を想定している。ただ、工事完了、開業時期は工程が最速で進捗した場合であり、地盤への対応や工事環境などによって1〜3年程度後ろ倒しになる可能性があるとしている。

　審査委員会は各評価項目の合計点数が認定基準を満たしたことなどから「認定し得る計画」と評価。認定にともない区域内の地盤沈下の継続的なモニタリングや液状化に対する十分な対策工法の検討なども求めている。

07 25年大阪・関西万博が夢洲で起工式

「未来社会の実験場」整備がスタート

　2025年大阪・関西万博のメイン会場となる大阪市の夢洲で2023年4月に起工式が執り行われた。2025年日本国際博覧会協会の十倉雅和会長ら関係者が出席したほか、来賓として岸田文雄首相ら政府関係者が参列し、無事故・無災害での完成を祈願した。

　大阪・関西万博は、25年4月13日から10月13日まで184日間（6か月）にわたって開かれる。「いのち輝く未来社会のデザイン」をコンセプトに、「未来社会の実験場」として世界の課題を共有する、国を挙げた一大イベントとなる。課題解決に向けた先端技術を集結し、新たなアイデアを創造・発信する。

　会場は四方を海に囲まれたロケーションを生かし、世界とつながる「海」と「空」が印象強く感じられるデザインとする。会場全体の面積は約159haで、会場の中央部に位置し、パビリオンなどの施設が集まる「パビリオンワールド」、屋外イベント広場や先進的なモビリティを体験するエリアを配置する「グリーンワールド」、堤防によってつくられた内海をさらに大屋根（リング）によって囲った海の広場を設ける「ウォーターワールド」の3エリアに区分する。

　工事では日本政府館や各種催事場、迎賓館、プロデューサーによるテーマ館、大阪館、関西館などのほか、諸外国、企業・団体のパビリオン、エントランスゲート、大屋根などを順次建設する。

08 地方創生につながる洋上風力

G7共同の2030年目標、洋上風力は150GW

　温暖化防止の切り札とされる再生可能エネルギーの中でも、急ピッチで導入が計画されているのが洋上風力発電だ。

　2023年5月に広島で開催されたG7（先進7カ国）サミットでは、脱炭素社会の実現に不可欠な再生可能エネルギー政策として、脱炭素電源の中でもとくに「太陽光」と「洋上風力」に定量的な導入目標を設定した首脳声明を採択。具体的には、30年までに洋上風力発電を7か国合計で150GW分増やし、太陽光発電を1TW以上に引き上げることなどを盛り込んだ。

　国内の洋上風力発電は普及に向けて動き出したばかりだ。秋田・能代市沖では、大林組らが構成する特別目的会社「秋田洋上風力発電（AOW）」が開発を進めてきた国内初の商業ベースでの大型洋上風力発電プロジェクトが稼働している。発電容量は約140MW。

　秋田では、風を誇るべき資源として、洋上風力をきっかけに産業振興が大きく前進しようとしている。このように洋上風力は単なる発電事業ではなく、地方創生につながる重要なアイテムだ。事業者が地元企業や地域社会と連携し、両者にとってウィンウィンの関係を築くことが、日本で着実に洋上風力を根付かせ、目標を達成するための鍵になりそうだ。

09 PPP/PFIの地域企業参加

地域企業参画は86%、文化社会教育が最多

　内閣府は、地方創生や地域経済活性化の観点から、地域企業がPFI事業へ一層参画できるように、PPP／PFI地域プラットフォームの取り組みや活用を支援している。内閣府によると、2021年度に契約を結んだPFI事業における地域企業の参画状況は、地域企業が参画している事業の割合が86%、地域企業が代表企業の割合は41%だった。

　調査は、事業を実施する都道府県に本社がある企業を「地域企業」とし、21年度に契約締結したPFI事業のうち、国などの事業やコンセッション（運営権付与）方式を除く51事業を調べた。

　地域企業が参画している事業は44件で、分野別にみると学校や集会施設など文化社会教育分野が22件と最も多く、斎場や廃棄物処理施設など環境衛生分野が3件、スタートアップ施設や観光・地域振興施設など経済地域振興分野が17件、庁舎など行政分野が2件となった。

　地域企業が代表企業として参画している事業は21件で、規模別にみると100億円以上の事業で17%（12件中2件）、10億円以上100億円未満の事業で46%（35件中16件）、10億円未満の事業で75%（4件中3件）。分野別にみると文化社会教育分野が7件、経済地域振興分野が13件、行政分野が1件だった。

10 プラトー 3D都市モデル、新たに71都市

23年度は社会実装のフェーズへ

　国土交通省が主導する、3D都市モデル整備・活用・オープンデータ化プロジェクト「PLATEAU（プラトー）」は、多くの地方公共団体や民間企業、多様な研究者らが参加するプラットフォームとして成長を続けてきた。

　開始3年目に当たる2022年度は、新たに全国71都市の3D都市モデルのオープンデータを追加。累計は127都市に達した。

　3D都市モデルは、3次元形状や属性情報といった「都市のデジタルツイン」としての豊富な情報を保持しているため、これを活用した都市スケールでのさまざまなシミュレーションに利用できる。例えば、人口動態や交通ネットワークを考慮した都市の将来シミュレーション、建物形状および材質を考慮した太陽光発電シミュレーションなどが想定される。

　また、3D都市モデルが保持する属性情報にも注目することで、より高度なシミュレーションも可能。建築物モデルが持っている建物の建築年、階数、構造、災害リスクの情報に、浸水シミュレーションを組み合わせ、より詳しくリスク解析ができる。

　23年度のプラトーは、実証フェーズを超え、本格的な社会実装のフェーズに移行する。

第 8 章

建設人の常識2024

01 建設投資の推移

非住宅建築堅調でプラスの見通し

　建設経済研究所と経済調査会がまとめた建設投資の見通し（2023年4月推計）によると、23年度の名目建設投資は前年度比2.6％増の68兆4300億円となる見通しだ。一方、物価変動を除いた実質値は0.5％増の55兆7787億円で、民間非住宅建設投資の建築が設備投資意欲の高さを背景に堅調なこともあり、全体的にプラスになると予測している。

　政府建設投資は名目が2.3％増の23兆9400億円で、実質は1.5％増の19兆9393億円。民間住宅投資は名目が1.1％増の16兆3200億円、実質は0.7％減の13兆1010億円。建設コストの高止まりや住宅ローン金利の上昇に対する懸念から先行き不透明感が続くとみて、新設住宅着工数は0.4％減の85万戸と予想する。

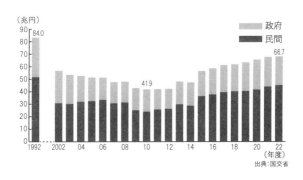

出典：国交省

02　建設業許可業者数の推移

新規業者数低調で5年ぶりに減少

　国土交通省の建設業許可業者数調査によると、2023年3月末時点の建設業許可業者は前年同月比0.1%減の47万4948者となった。前年まではピーク時（00年3月末時点）以降初めて4年連続で増加していたが、5年ぶりに減少した。新規許可業者数が低調だったことが影響した。

　22年度に新規建設業許可を取得した業者は前年度比12.8%減の1万6404者だった。1万6000者台の低水準になるのは3年ぶりとなる。許可が失効した業者は4.1%減の1万6749者。内訳は、廃業届けを提出した業者が7.0%減の7476者、許可の更新を行わない失効が1.6%減の9273者だった。

　都道府県別で許可業者数が多いのは東京都の4万3571者。反対に最少は鳥取県の2113者。許可業者数のピーク時との比較では秋田、群馬、長野、奈良、和歌山、山口、徳島、宮崎の8県が3割台の減少率となった。

　許可業者の最多業種は「とび・土工工事業」（17万8667者）。次いで「建築工事業」（14万4623者）、「土木工事業」（13万959者）となっている。前年度と比べて取得業者数が最も増加したのは「解体工事業」の2447者。「建築」は2090者の減少で最も減少幅が大きい。

03 建設業就業者数の推移

4年連続で減少、女性は増加

　総務省の労働力調査によると、2022年平均の建設業就業者数は前年よりも6万人少ない479万人だった。4年連続の減少となり、過去10年間で最も少ない人数となる。

　男女別の就業者数をみると、男性は前年比8万人減の394万人に減った一方、女性は2万人増の85万人に増えた。

　また、就業者のうち、会社から給料・賃金を得ている雇用者数は、前年と同数の396万人だった。男女別は、男性が3万人減の319万人、女性が3万人増の77万人となっている。

　年齢構成別でみると、29歳以下の若年層は前年と比較して2万人減の56万人となった一方、55歳以上の高齢層は1万人増加し、高齢化が進行している。10年後には高齢層の大半が引退することが見込まれるため、若年入職者の確保・育成が喫緊の課題となる。

　就業者の主な内訳は、建設・採掘従事者が251万人、管理的職業・事務従事者が103万人、専門的・技術的職業従事者が37万人、販売従事者が25万人、輸送・機械運転従事者が14万人などとなっている。

　22年の全産業の合計就業者数は6723万人と前年に比べ10万人増加した。年齢層別では15〜64歳の就業者数は5810万人と6万人の増加、65歳以上の就業者数も912万人と3万人の増加となった。

04 建設業倒産の推移

建設業の倒産件数は3年ぶりに増加

　東京商工リサーチがまとめた2022年度の建設業倒産件数（負債額1000万円以上）は、前年度比15.3%増の1274件となった。3年ぶりに前年度を上回ったが、過去30年間では3番目の低水準となった。

　負債総額は20.1%増の1266億9200万円だった。負債10億円以上100億円未満の倒産件数が3件減少し10件となったものの、負債5億円以上10億円未満が15件増加し、36件となったことが負債総額の増加につながった。平均負債額は、9900万円だった。19年度以降は4年連続で1億円を下回った。

　地区別では、9地区中、前年度と同数の四国を除いて8地区で前年度を上回った。とくに北海道は前年度の16件から36件と倍増した。札幌圏を除けば、建設需要の停滞から受注競争が激化し、資材価格の高騰が採算悪化に拍車をかけるケースが目立った。

　新型コロナウイルス関連倒産は314件で前年度の1.5倍となった。今後、コロナ禍で資金繰り緩和に大きな効果をもたらした「実質無利子・無担保融資」の本格的な返済が始まる。

　同社は「経済活動の再開にともなう新たな資金需要への対応や物価高対応で賃上げ原資の確保もままならず、人手不足を解消する術がない」とし、「今後は倒産が増える可能性が一段と高まっている」と分析している。

05 建設労働災害発生の推移

死亡者数29.1%占め産業別で最多

　厚生労働省がまとめた2023年1〜6月の労働災害発生状況（速報、7月7日時点）によると、建設業の死亡者数は、前年同期比（前年同時点比）18.5%減（20人減）の88人となった。また、建設業の休業4日以上の死傷者数は5732人で1.7%減（102人減）だった。死亡者数の業種別は、土木が32人、建築が35人、そのほかが21人となる。

　建設業の死傷者事故別人数は「墜落・転落」が32.7%を占める1880人、「はさまれ・巻き込まれ」が705人、「転倒」が683人などとなっている。前年同期と比べ、「転倒」が65人、「激突」が30人減った。一方で、「動作の反動・無理な動作」は32人増えた。

　全産業の死亡者数は302人、死傷者数は5万2956人となっている。このうち、建設業の割合は、死亡者数が29.1%、死傷者数が10.8%となった。死亡者数は全産業の中で最も多くなっている。

　23〜27年度を計画期間とする第14次労働災害防止計画（14次防）では、労災防止に向けた取り組みの実施状況を確認する「アウトプット指標」を設定したほか、建設業の死亡者数を27年までに22年と比較して15%以上減少させる「アウトカム指標」を設定している。

06 建設業の求人状況

新規求職・常用就職件数ともに高水準

　厚生労働省がまとめた2023年5月の公共職業安定所（ハローワーク）における一般職業紹介状況によると、景気の先取りを表すとされる新規求人倍率（季節調整値）は前月を0.13ポイント上回る2.36倍となった。21年5月からは2倍以上を保っており、アフターコロナに向けて経済活動が復調していることがうかがえる。

　全産業の23年5月の新規求人は前年同月と比較して3.8％増となった。主要産業別の新規求人状況をみると、建設業は0.8％減の7万3093人だった。総合工事業は3.4％減の3万9265人となった。

　厚労省の「職業紹介事業報告書」によると、有料の民間人材紹介所における建築・土木・測量技術者の新規求職申込件数と常用就職件数の推移では、21年度の新規求職申込件数が23万8338件（前年同期比2.6％増）、常用就職件数が1万5967件（同26.0％増）といずれも増加傾向となり、とくに常用就職件数は大きな伸びとなっている。

　国土交通省は23年度も引き続き、建設業の人材確保・育成に向けた施策を推進する。ICTの活用や適正な工期設定を通じた建設業の長時間労働の是正や建設キャリアアップシステムの普及・活用による建設技能者の処遇改善、外国人材の円滑な活用を後押しする。

07 新規学卒者入職状況と賃金の推移

学卒者入職4万人台維持も進む高齢化

　社会の人口が減少し、建設業界の高齢化が進む中、担い手確保は業界が抱える大きな課題となっている。日本建設業連合会の「建設業デジタルハンドブック」によると、建設業への新規学卒者の入職は2022年には約4万3000人となり、09年の2万9000人を底に増加に転じ、14年以降は4万人前後を維持している。

　一方で、建設業就業者数は1997年をピークに減少が続いており、2022年はピークに比べ69.9%の479万人、このうち建設技能者は65.7%の305万人となった。就業者数の高齢化も進んでおり、2022年には55歳以上が約36%、29歳以下が約12%となった。全産業と比べても高齢化が顕著となっている。

　持続可能な業界として若年労働者の入職を促すためには、魅力的な建設業界への変革、とくに処遇改善は急務となる。中でも賃金確保は大きな施策の1つ。22年度賃金構造基本統計調査によると、男女の賃金平均は311万8000円で、男性342万円、女性258万9000円となっている。これを産業別にみると、建設業は男女計で335万4000円（前年度比0.7%増）で、男性が350万9000円（同1.5%増）、女性が251万円（同0.8%減）となっている。男女計を他産業と比べると製造業の301万5000円を上回るが、最も高い電気・ガス・熱供給・水道業の402万円を下回る。

08 労働時間の推移と休日の状況

働き方改革の普及に注力

わが国の労働時間は、1980年代の後半に週休2日制が普及したことで急速に減少した。建設業も88〜97年までの10年間に1割も減少するなど大幅に改善が進んだが、他産業と比較すれば依然として労働時間は長い。

厚生労働省の毎月勤労統計調査確報によると、2022年度の建設業（事業規模5人以上）の総実労働時間（一般労働者、1人当たり月間平均）は前年度比0.5%減の168.5時間。所定内労働時間は0.5%減の154.0時間、所定外労働時間が0.8%減の14.5時間となっている。

働き方改革が功を奏し、労働時間は減少傾向にあるが、調査している16業種で比べると「運輸業、郵便業」「飲食サービス業等」に次いで労働時間が長い実態がある。全産業の平均は、162.8時間となる。

月間の出勤日数も0.1ポイント減の20.4日と、全産業の平均19.4日との比較で1.0日、製造業（19.2日）との比較で1.2日も多い。

建設業にも時間外労働の罰則付き上限規制が適用される24年4月が迫っている。デジタルを活用した施工の省人化や省力化、4週8閉所といった若手の入職にもつながる強力な働き方改革の推進により、労働時間は着実に減っているものの、より一層の普及が求められる。

09 建設業の女性活躍

公共調達でWLB評価加速

　総務省の2022年労働力調査によると、建設業の就業者は前年に比べ約6万人減の479万人だった。就業者は4年連続で減少しており、過去10年間で最も少ない人数となっている。このうち、女性は2万人増の85万人に増えた。

　こうした中、政府は23年6月13日に開いた全ての女性が輝く社会づくり本部と男女共同参画推進本部の合同会議で「女性活躍・男女共同参画の重点方針2023」（女性版骨太の方針2023）を決定した。東証プライム市場に上場する企業を対象に、女性役員の比率を30年までに30%以上とする目標を掲げた。

　また、女性活躍推進法などにもとづき、プラチナえるぼし・えるぼし、プラチナくるみん・くるみん、ユースエールの認定などを取得した「WLB（ワーク・ライフ・バランス）等推進企業」を公共調達で加点評価する取り組みを22年4月から強化している。

　国土交通省の取り組みに目を向けると、建設業法の省令改正による経営事項審査が23年1月1日に見直され、WLB関係の審査項目が新設された。「プラチナえるぼし認定」「えるぼし認定（1段階目）」「同（2段階目）」「同（3段階目）」と、次世代育成支援対策推進法にもとづく「プラチナくるみん認定」「くるみん認定」「トライくるみん認定」の取得状況を評価する。

10 登録基幹技能者

現場を支える熟練技能者、CCUSでも最高ランク

　登録基幹技能者は、熟達した作業能力と豊富な知識を持ち、現場をまとめて効率的に作業を進めるためのマネジメント能力に優れた技能者であり、専門工事業団体の認定資格を受けている。技能者のトップ（総括職長）として、元請けの計画・管理業務に参画し、補佐することが期待されている。

　1996年に専門工事業団体による民間資格としてスタートし、2008年の建設業法施行規則改正で「登録基幹技能者制度」として定められた。23年3月末時点で、資格者は43職種8万2616人に達している。

　登録基幹技能者講習を受講する際には、当該基幹技能者の職種での10年以上の実務経験、実務経験のうち3年以上の職長経験、実施機関が定める資格の保有が求められる。国土交通省が登録した機関により実施される登録基幹技能者講習を修了すると、登録基幹技能者の資格を取得できる。

　経営事項審査で評価されるほか、現場への配置が総合評価入札での加点対象項目になる。大手ゼネコンは「優良技能者認定制度」を運用している。

　建設キャリアアップシステム（CCUS）では、能力評価基準で最高位のレベル4に位置付けられている。登録基幹技能者がCCUSに登録すると、最高ランクのゴールドカードを取得できる。

11 技能実習生廃止で中間報告

技能実習制度を廃止し新たな制度創設へ

　政府の有識者会議は2023年4月、技能実習制度を廃止し、特定技能制度とは別に人材確保・育成を目的とする新たな制度の創設を検討すべきだとした。内閣官房と法務省が開いた「技能実習制度及び特定技能制度の在り方に関する有識者会議」の第6回会合で、技能実習制度と特定技能制度の在り方に関する中間報告書の案をまとめた。中間報告書の方向性に沿って議論し、23年秋に最終報告書を取りまとめる計画だ。

　技能実習制度は、人材育成を通じた国際貢献を目的としているが、実際は国内の人材確保・育成に活用され、目的と実態に乖離（かいり）が生じている。その指摘を受け、新制度の目的には「人材確保」を加える考えだ。新たな制度から特定技能制度へ円滑に移行できるよう、対象職種や分野は一致させる。技能実習制度の対象職種のうち、特定技能制度の対象分野に含まれていないものは追加を検討する。技能実習制度で原則不可としている転籍は、限定的に制限を残しつつ、新制度の趣旨と外国人保護の観点から緩和する方向性を示した。

　優良な監理団体や登録支援機関を利用できるように事業活動の評価などを公表し、受け入れ企業への支援や外国人労働者保護に関して優良な団体にはインセンティブ（優遇措置）を与える検討を求めたほか、来日後の日本語教育の費用や必要な支援は受け入れ企業が負担しつつ、国や自治体も取り組むべきと指摘した。

12 建災防
——第9次労災防止5か年計画スタート

建災防が9次建設業労働災害防止5か年計画を策定

　建設業労働災害防止協会は2023〜27年度を対象期間とする「第9次建設業労働災害防止5か年計画」を定めた。1人の被災者も出さないという基本理念の実現に向けて、アウトプット・アウトカム指標の達成を目指す。墜落・転落による死亡災害の発生件数を前計画期間に比べて15％以上減少させることなどを目標に掲げた。最近の労災発生状況をふまえ、高齢者に焦点を当てた数値目標も新たに設けた。

　第14次労働災害防止計画をふまえて、とくに60歳以上の高齢労働者の死傷事故が増加傾向にあることから「墜落転落災害防止対策の推進」「自然災害に係る復旧・復興工事等の安全衛生対策の推進」など7項目について重点的に取り組む必要があるとしている。

　目標達成に向けた重点事項には、▷「災防規程」の遵守徹底▷リスクアセスメントの確実な実施の促進▷建設業労働安全衛生マネジメントシステム（コスモス）の導入促進▷高年齢労働者の労働災害防止対策の推進▷重篤度の高い労働災害を減少させるための重点対策の推進▷中小専門工事業者の安全衛生支援活動の推進——などを掲げた。

　同計画の目標達成に向けた「23年度建設業労働災害防止対策実施事項」も策定した。労働災害防止活動の重点実施事項や建設現場での具体的な安全衛生対策、協会が主唱する各種運動などをまとめている。

13 厚労省 —— 14次防を策定・公示

アウトプット・アウトカム指標設定

　厚生労働省は、2023〜27年度を期間とする第14次労働災害防止計画（14次防）を策定した。中央労働災害防止協会や建設業労働災害防止協会など災防5団体、都道府県、建設業関係団体など310の各事業者団体、17の労働組合に対して、計画の推進に特段に協力するよう求めた。

　14次防では、災防計画として初めて、労災防止に向けた取り組み状況を確認する「アウトプット指標」を設けた。従来の数値目標には、取り組みの成果・結果として死亡者数や死傷者数を減少させる「アウトカム指標」を盛り込んだ。

　具体的には、全産業共通の目標として、企業での年次有給休暇取得率を25年までに70％以上（アウトプット指標）とし、週労働時間40時間以上である雇用者のうち、週労働時間60時間以上の雇用者割合を25年までに5％以下（アウトカム指標）などとした。

　建設業については、アウトプット指標を「墜落・転落災害防止のリスクアセスメントに取り組む建設業の事業場割合を27年までに85％以上」とし、「建設業の死亡者数を27年までに22年と比較して15％以上減少」とアウトカム指標を設定した。

14 人材協 —— CCUS能力評価の制度促進

評価基準の策定を支援

建設産業人材確保・育成推進協議会（人材協）は、2023年度から人材育成の新たな取り組みを開始した。建設キャリアアップシステム（CCUS）の能力評価制度の利用を進めるため、評価基準がまだない分野の基準作成を支援し、個々の技能者のレベルに応じた処遇実現を目指す。

能力評価制度は、CCUSに登録されている技能者の技能、経験、知識、マネジメント能力を客観的に評価する仕組みで、4段階で判定する。建設技能者が申請し、国土交通大臣が認定した評価基準にもとづいて、分野ごとの能力評価実施団体により判定が行われる。技能レベルに応じた建設キャリアアップカードが本人に交付される。

23年5月末時点での能力評価判定件数は、レベル1～4で7万6661件。対象分野は順次拡大していく方針で、23年5月には「さく井技能者」が新たに追加され、40分野で能力評価基準が策定されている。

新規事業としては、能力評価制度の利用を促進するため、専門工事業団体が能力評価の基準を策定していない分野の基準を作成する際のコンサルタントへの委託費などを助成する。また、専門工事業団体が能力評価の実施体制を整備するための人員確保、周知のための広報活動の費用なども補助する。

15 建退共
——新5か年中期計画

新規加入47.6万人、電子納付率30％以上へ

　勤労者退職金共済機構・建設業退職金共済事業本部は、2023〜27年度を対象に、第5期中期計画をまとめた。期間中に目指す新規加入者数は、最近の加入状況や建設業の雇用状況などを勘案し、47万6000人以上に設定した。

　21年3月に本格運用を開始した電子申請方式についてはまだ浸透しているとはいえず、この膠着状態を打破するべく、高い目標を掲げた。中計では「電子申請専用サイトの利用者登録（ログイン）率」と「電子申請による掛け金納付率」を評価軸に据え、23年1月末時点で、ログイン率が4.87％、電子納付率は3.4％にとどまっている状況を、期間中にそれぞれ50％以上、30％以上への引き上げを目指す。

　高齢者の退職や若手の減少といった構造的課題を背景に、建退共制度を利用する技能労働者の中長期的な減少が避けられない中、将来にわたる持続的な制度運用のためには、これまでなかなか進展してこなかった民間工事での活用拡大が主要テーマの1つとなる。

　電子申請の普及や建設キャリアアップシステム（CCUS）との連携強化など、デジタル分野の取り組み加速を契機に、民間市場を切り開いていく。

第 9 章

建築・土木業界ランキング

01 ゼネコン100社の決算業績

完工高増も資材高騰で採算性が低下

　ゼネコンを中心とした建設企業100社の2022年度（22年4月～23年3月期）業績を完成工事高順にランク付けした。前期と比較可能な99社のうち、完工高は72社が増加となった。豊富な手持ち工事を背景として順調に完工高を伸ばした企業が多く、全体では7.0%増の16兆9399億300万円となった。

　採算性の指標となる完成工事総利益（工事粗利）率は前期と比較可能な99社の平均で9.5%と、前期から1.4ポイント低下した。22年度は資機材価格の高騰の影響が大きく、過去に受注競争が激化した際に獲得していた大型案件を中心に採算性の低下が顕在化した。営業利益、経常利益も準大手・中堅ゼネコンで減少した企業が目立つ。

　次期以降の業績の先行指標となる受注工事高は前期と比較可能な91社の平均で9.2%増の18兆25億500万円となった。都心部の再開発や半導体をはじめとする工場、土木関係の国土強靱化投資など受注環境は好調だ。

　一方で、24年度からは時間外労働の上限規制が建設業にも適用開始となり、これまで通りの施工高をこなせるのか不安の声もある。資材価格も当面、高止まりするとの見立てが多く、今後は積極的な売り上げ拡大よりも、採算を考慮した計画的な受注活動が主流になるとみられる。

ゼネコン100社の業績（完工高順。単位：百万円、粗利は%）

会社名	受注工事高	売上高	完成工事高	粗利	経常利益	当期利益
清水建設	1,401,279	1,557,325	1,428,105	5.2	41,389	41,754
鹿島	1,489,349	1,432,774	1,387,828	10.6	103,309	78,416
大林組	1,454,987	1,387,028	1,348,115	9.9	71,178	62,558
大成建設	1,447,011	1,325,598	1,298,938	7.4	49,691	36,951
竹中工務店	1,059,945	1,042,820	1,015,103	6.3	27,394	24,824
五洋建設	668,677	469,065	468,638	4.8	523	168
戸田建設	426,702	465,451	446,563	9.1	13,589	6,623
フジタ	470,585	521,451	445,395	7.0	14,784	8,737
長谷工コーポレーション	460,771	706,161	425,654	16.1	62,490	45,551
前田建設	366,949	375,875	366,795	13.9	32,273	30,206
安藤ハザマ	348,220	344,804	339,634	11.3	18,433	14,535
三井住友建設	324,843	337,591	337,298	▲1.5	▲21,412	▲25,619
熊谷組	348,647	299,317	299,317	8.2	10,154	6,996
西松建設	327,401	328,385	295,642	6.6	12,641	9,393
東急建設	267,792	261,529	252,377	6.8	4,426	3,825
NIPPO	286,780	333,270	247,060	13.9	27,530	17,770
鴻池組	228,222	241,529	240,842	8.9	9,852	6,616
日鉄テックスエンジ	289,590	286,880	240,733	11.5	16,258	11,059
奥村組	279,916	242,266	236,649	11.6	13,864	11,764
東亜建設工業	291,313	203,236	198,496	7.5	5,857	4,424
前田道路	166,866	228,829	162,780	9.6	10,788	9,720
鉄建建設	187,871	157,354	157,022	6.7	463	2,217
東洋建設	167,764	149,925	149,482	11.0	7,340	4,869
日鉄エンジニアリング	175,430	223,983	143,871	9.4	2,882	▲3,567
淺沼組	135,943	132,800	132,247	9.8	4,878	3,607
東鉄工業	124,155	124,661	117,917	14.8	9,487	7,905
大豊建設	121,855	115,708	115,708	6.2	2,473	1,415
飛島建設	103,360	113,248	112,194	9.6	3,059	2,691
鹿島道路	111,290	132,399	111,377	9.7	5,415	3,476
日本道路	112,337	135,142	111,285	9.2	3,901	4,448
佐藤工業	182,035	109,606	108,294	7.0	1,386	1,098
錢高組	116,372	107,584	105,256	5.5	2,958	1,807
日本国土開発	124,474	113,075	100,159	8.3	8,413	7,811

会社名	受注工事高	売上高	完成工事高	粗利	経常利益	当期利益
ライト工業	103,197	96,868	96,868	21.7	11,850	8,242
大鉄工業	92,907	96,836	96,719	8.9	4,610	3,275
大本組	85,979	94,477	94,477	6.5	849	516
ピーエス三菱	131,133	97,724	92,249	12.7	4,508	3,122
岩田地崎建設	101,115	91,460	90,568	7.5	1,926	1,215
矢作建設工業	90,836	94,052	90,138	10.3	6,028	4,557
JFEシビル	106,792	89,833	89,833	11.1	5,135	3,520
大成ロテック	91,883	112,360	87,751	5.9	818	467
イチケン	80,002	88,059	87,646	5.9	2,585	1,708
福田組	100,014	88,194	86,889	9.0	4,515	3,295
竹中土木	93,119	86,631	86,424	11.3	4,606	3,219
松井建設	92,917	86,411	84,822	6.6	2,455	1,543
大林道路	88,729	98,471	83,946	9.3	2,324	1,536
横河ブリッジ	-	83,572	83,572	16.5	9,287	6,486
松尾建設	89,529	83,868	83,175	8.8	2,997	1,914
髙松建設	108,048	86,056	82,401	19.1	6,515	4,986
北野建設	80,710	83,051	81,803	10.1	4,172	1,590
大日本土木	80,830	81,947	81,769	7.8	3,159	2,124
名工建設	94,561	82,697	81,407	13.0	6,611	4,616
若築建設	89,571	87,091	80,011	14.5	6,084	5,271
青木あすなろ建設	96,718	78,158	77,915	10.9	4,281	3,501
ナカノフドー建設	97,452	75,909	74,698	8.6	2,460	1,621
川田工業	75,641	70,264	69,938	9.2	2,359	1,637
大末建設	85,380	69,858	69,854	7.2	1,882	1,296
世紀東急工業	70,245	87,676	69,806	10.0	2,400	1,028
乃村工藝社	-	82,082	69,627	-	1,808	1,162
日本建設	69,159	69,211	69,211	5.9	1,894	1,097
日特建設	71,090	69,206	69,206	18.2	4,857	3,147
TSUCHIYA	65,894	68,403	66,505	7.8	2,491	1,399
村本建設	61,463	65,178	64,598	7.3	1,840	1,168
不動テトラ	64,924	65,264	62,748	16.0	3,957	2,692
りんかい日産建設	67,422	59,863	59,669	7.7	1,206	821
ショーボンド建設	71,510	61,748	58,006	26.1	14,401	10,844
東亜道路工業	54,532	83,340	55,696	9.0	2,334	1,606

会社名	受注工事高	売上高	完成工事高	粗利	経常利益	当期利益
新日本建設	63,143	102,810	54,206	9.9	16,777	11,857
合田工務店	59,156	57,992	53,720	8.0	3,304	2,053
木内建設	56,093	53,594	53,594	14.5	5,735	3,578
塩浜工業	73,835	52,026	52,026	13.6	4,605	2,377
西武建設	54,759	51,302	51,187	8.6	1,690	1,531
奥村組土木興業	45,220	53,144	47,506	10.0	1,751	798
第一建設工業	53,829	47,367	46,516	13.9	3,882	2,643
オリエンタル白石	56,892	46,925	46,164	19.0	4,874	3,625
スペース	-	45,754	45,754	9.8	2,061	1,365
仙建工業	43,732	43,345	42,990	11.9	3,287	2,294
本間組	40,093	45,131	42,753	9.5	2,384	1,615
植木組	45,677	43,073	41,691	8.1	1,851	1,230
多田建設	-	42,332	41,398	5.3	655	387
ユニオン建設	78,543	41,097	41,097	11.1	1,633	1,113
南海辰村建設	39,728	40,996	40,720	9.1	1,745	1,839
坪井工業	39,171	40,161	40,117	6.6	720	423
鍛治田工務店	-	39,164	39,054	6.4	1,059	-
伊藤組土建	41,903	37,938	37,661	8.2	727	421
加賀田組	41,168	38,102	37,581	7.3	1,237	729
ガイアート	36,148	46,997	36,668	8.2	464	222
共立建設	49,081	36,977	36,551	12.2	1,732	1,144
三菱マテリアルテクノ	-	52,548	36,514	21.1	5,335	3,567
守谷商会	34,087	36,610	36,368	8.3	1,209	850
森本組	31,208	36,399	36,355	10.4	2,125	1,340
宮地エンジニアリング	39,268	36,103	36,103	14.4	3,341	2,305
松村組	42,085	35,753	35,753	10.3	1,626	1,119
大成ユーレック	35,447	35,728	35,562	8.2	701	450
藤木工務店	33,431	35,547	34,941	5.3	446	86
川田建設	36,879	34,868	34,868	0.1	19	13
駒井ハルテック	41,304	33,845	33,845	9.8	500	436
九鉄工業	35,391	35,064	33,834	10.9	1,796	1,203
徳倉建設	45,329	33,607	33,440	8.2	851	764
不二建設	40,600	33,210	33,161	12.5	3,130	2,145

日刊建設通信新聞社調べ

02 建設コンサル業の業務額と部門別額

良好な市場環境が継続し業績伸長

　建設コンサルタンツ協会会員企業の2022年の業務額上位30社をみると、前年と比較可能な29社のうち25社が前年額を上回った。2桁増はオリエンタルコンサルタンツ、いであ、アジア航測、ドーコン、中央復建コンサルタンツ、復建調査設計、日建設計、三井共同建設コンサルタント、日本気象協会の9社。とくに2022年4月に日建設計シビルを吸収合併した日建設計は5割近い大幅な伸びとなっている。

　国内公共分野を中心に良好な市場環境が続く中で、日本工営は都市空間部門を分社化しながらも600億円超、パシフィックコンサルタンツは500億円超となり、建設技術研究所も500億円の大台がみえてきた。トップ10の顔ぶれは前年とほぼ同じだが、JR東日本コンサルタンツがランクインした。

　部門別では港湾で日本工営が1位に返り咲いたほか、農業土木は5年ぶりに三祐コンサルタンツがトップに輝いた。このほか鋼構造物・コンクリートで大日本コンサルタント、道路と廃棄物でパシフィックコンサルタンツ、河川・砂防・海岸は建設技術研究所、下水道と上水道・工業用水道は日水コン、都市計画・地方計画がオオバ、建設環境はいであなど、それぞれ強みを持つ企業が力を発揮。鉄道はJR東日本コンサルタンツが他を圧倒した。また、日本工営は12部門全てにランクインし、総合力の高さを示した。

建設コンサルタント業の業務額上位30社（単位：百万円）

順位	前期順位	会社名	コンサル業務額	総売上高
1	1	日本工営	61,058	80,796
2	2	パシフィックコンサルタンツ	51,217	54,808
3	3	建設技術研究所	48,696	51,360
4	4	オリエンタルコンサルタンツ	30,438	30,525
5	5	エイト日本技術開発	23,641	25,940
6	7	八千代エンジニヤリング	22,809	23,975
7	8	パスコ	21,138	51,439
8	6	日水コン	19,653	19,814
9	10	長大	18,538	20,527
10	-	JR東日本コンサルタンツ	18,482	20,152
11	9	大日本コンサルタント	18,289	18,479
12	11	いであ	18,112	22,065
13	14	応用地質	16,221	34,092
14	13	国際航業	15,428	38,927
15	12	NJS	15,336	16,859
16	17	アジア航測	15,217	30,958
17	15	ニュージェック	14,817	16,782
18	16	日本振興	13,853	15,105
19	20	東電設計	13,330	21,006
20	24	ドーコン	12,810	14,920
21	18	ティーネットジャパン	12,707	26,441
22	19	オオバ	12,596	15,213
23	27	中央復建コンサルタンツ	12,280	13,107
24	22	中央コンサルタンツ	11,680	11,897
25	21	日本工営都市空間	11,612	13,588
26	23	セントラルコンサルタント	11,593	11,970
27	28	復建調査設計	10,647	13,676
28	44	日建設計	10,015	53,320
29	33	三井共同建設コンサルタント	9,996	10,182
30	38	日本気象協会	9,463	16,578

2022年1〜12月の期間の決算業績をもとに作成。日本工営都市空間の前期順位は社名変更した玉野総合コンサルタントの順位。大日本コンサルタントとダイヤコンサルタントは合併し、2023年7月1日から大日本ダイヤコンサルタントに社名変更

建設コンサルタント業の部門別業務額上位10社(単位：百万円)

鋼構造およびコンクリート	業務額
1 大日本コンサルタント	9,823
2 長大	8,580
3 オリエンタルコンサルタンツ	7,343
4 エイト日本技術開発	6,310
5 パシフィックコンサルタンツ	6,021
6 建設技術研究所	4,884
7 東電設計	4,378
8 日本工営	4,176
9 中央コンサルタンツ	4,109
10 首都高技術	4,071

道路	業務額
1 パシフィックコンサルタンツ	7,711
2 オリエンタルコンサルタンツ	7,353
3 建設技術研究所	7,022
4 長大	5,961
5 パスコ	5,664
6 日本振興	5,255
7 日本工営	4,706
8 福山コンサルタント	4,601
9 セントラルコンサルタント	4,579
10 大日本コンサルタント	4,223

鉄道	業務額
1 JR東日本コンサルタンツ	11,694
2 日本工営	5,961
3 JR東海コンサルタンツ	4,926
4 パシフィックコンサルタンツ	4,059
5 中央復建コンサルタンツ	3,821
6 JR西日本コンサルタンツ	2,851
7 日本交通技術	2,028
8 トーニチコンサルタント	2,025
9 復建エンジニヤリング	1,251
10 東日本総合計画	945

河川、砂防および海岸	業務額
1 建設技術研究所	19,566
2 日本工営	11,847
3 パシフィックコンサルタンツ	7,390
4 八千代エンジニヤリング	6,438
5 東京建設コンサルタント	5,075
6 ドーコン	4,484
7 いであ	4,284
8 三井共同建設コンサルタント	4,258
9 日本振興	4,070
10 オリエンタルコンサルタンツ	3,736

下水道	業務額
1 日水コン	10,138
2 NJS	9,693
3 日本水工設計	6,273
4 オリジナル設計	4,998
5 東京設計事務所	3,862
6 中日本建設コンサルタント	3,307
7 日本工営	2,401
8 パシフィックコンサルタンツ	2,133
9 日建技術コンサルタント	1,963
10 パスコ	1,719

上水道および工業用水道	業務額
1 日水コン	7,393
2 NJS	4,552
3 日本水工設計	1,914
4 東京設計事務所	1,892
5 日本工営	1,517
6 ウエスコ	1,018
7 パスコ	862
8 東洋設計	794
9 中日本建設コンサルタント	738
10 日建技術コンサルタント	702

都市計画および地方計画	業務額
1 オオバ	7,763
2 日建設計	6,055
3 日本工営都市空間	6,012
4 パシフィックコンサルタンツ	4,651
5 パスコ	4,206
6 オリエンタルコンサルタンツ	3,659
7 国際航業	3,251
8 昭和	3,123
9 日本工営	2,846
10 建設技術研究所	2,005

港湾および空港	業務額
1 日本工営	5,795
2 パシフィックコンサルタンツ	4,692
3 日本港湾コンサルタント	2,911
4 エコー	2,405
5 ニュージェック	1,638
6 三井共同建設コンサルタント	928
7 日本海洋コンサルタント	920
8 八千代エンジニヤリング	807
9 日本気象協会	791
10 エイト日本技術開発	786

電力土木	業務額
1 東電設計	3,924
2 日本工営	3,796
3 北電総合設計	2,813
4 日本気象協会	2,436
5 ニュージェック	1,971
6 西日本技術開発	1,387
7 中電技術コンサルタント	1,223
8 四電技術コンサルタント	1,131
9 北電技術コンサルタント	893
10 朝日航洋	757

農業土木	業務額
1 三祐コンサルタンツ	4,664
2 NTCコンサルタンツ	4,369
3 内外エンジニアリング	3,948
4 日本工営	3,234
5 サンスイコンサルタント	2,684
6 若鈴コンサルタンツ	1,563
7 日本振興	1,141
8 キタイ設計	1,076
9 パスコ	1,045
10 農土コンサル	1,043

建設環境	業務額
1 いであ	8,145
2 建設環境研究所	4,900
3 日本気象協会	3,662
4 パシフィックコンサルタンツ	3,381
5 アジア航測	3,344
6 建設技術研究所	2,979
7 KANSOテクノス	2,886
8 日本工営	2,781
9 応用地質	2,110
10 アイ・ディー・エー	2,018

廃棄物	業務額
1 パシフィックコンサルタンツ	2,239
2 エイト日本技術開発	1,955
3 八千代エンジニヤリング	1,662
4 応用地質	1,657
5 日本工営	1,357
6 日建設計	1,027
7 建設技術研究所	943
8 国際航業	596
9 中日本建設コンサルタント	477
10 アジア航測	422

03 建設コンサル業のプロポーザル

特定率上昇　ノウハウ共有、厳選応募も奏功

　2022年度のプロポーザル方式は、回答のあった38社のうち、参加実績ゼロの1社を除く37社合計の金額が前年度比1.3%増の1347億9500万円、特定件数は0.3%減の3866件だった。特定件数を参加件数(提案書提出)で割った特定率は全社平均で2.4ポイント上昇し46.6%となった。22社が前年度より特定率を高め、とくに千代田コンサルタントや協和コンサルタンツ、大日コンサルタントなどの伸び率が目立つ。特定率4割以上の企業は9社増の28社、5割超は4社増えて13社となっている。

　各社とも現地踏査を含めた事前の情報収集と参加表明書、技術提案書の査読やチェックを徹底しているほか、ヒアリング対応強化のための事前リハーサルや高得点の取れる技術者の配置、さらに優良技術提案事例や評定点アップに向けた社内ノウハウの共有化などの取り組みを地道に推進。「選択と集中」による厳選応募も特定率向上に奏功している。

　発注者に対しては、平準化による負担軽減や既存資料のウェブ閲覧などオンライン対応による効率化を評価する声が聞かれる一方、評価結果については、評価基準の項目ごとに詳細な内容を、総合評価落札方式と同様にPPI(入札情報サービス)で迅速に開示するよう求める声が多く、資料閲覧の電子化拡充など、さらなる改善を望む意見も多く寄せられている。

プロポーザル方式の特定状況（単位：百万円、特定率は％）

会社名	2022年度			2021年度		
	金額	件数	特定率	金額	件数	特定率
建設技術研究所	21,809	625	52.4	23,078	587	46.6
パシフィックコンサルタンツ	19,674	434	46.9	18,370	522	46.6
日本工営	16,094	498	48.1	13,954	418	42.9
ドーコン	7,957	199	53.9	7,431	190	53.7
いであ	7,280	119	45.4	6,992	120	44.1
オリエンタルコンサルタンツ	6,938	277	55.4	6,734	307	49.3
八千代エンジニヤリング	5,240	180	47.7	5,106	196	49.7
長大	4,926	155	44.8	4,988	143	40.1
エイト日本技術開発	4,915	105	42.7	3,454	90	34.6
パスコ	4,014	132	43.7	4,793	142	49.7
アジア航測	3,565	86	52.1	1,707	77	53.1
大日本コンサルタント	2,746	68	30.5	2,454	58	30.4
千代田コンサルタント	2,548	26	56.5	1,815	19	31.1
国際航業	2,287	100	38.0	4,012	99	38.1
ニュージェック	1,947	72	48.3	1,713	72	38.5
福山コンサルタント	1,943	75	37.1	2,742	83	36.9
日水コン	1,883	63	64.3	1,957	79	69.9
中電技術コンサルタント	1,782	48	42.5	2,226	33	29.5
日本工営都市空間	1,744	58	30.9	1,538	49	31.8
建設環境研究所	1,731	77	41.8	2,127	93	39.2
中央コンサルタンツ	1,660	41	27.2	1,630	51	39.2
応用地質	1,451	62	44.3	1,561	53	36.8
NTCコンサルタンツ	1,294	53	55.8	1,552	63	61.2
NJS	1,227	51	84.4	2,045	64	85.3
中央復建コンサルタンツ	1,153	53	25.0	1,389	44	31.9
三井共同建設コンサルタント	1,136	31	43.1	1,264	33	31.4
復建調査設計	1,114	45	41.7	971	47	36.2
日本振興	926	8	100.0	570	6	100.0
オリジナル設計	761	19	95.0	411	19	90.5
復建技術コンサルタント	620	12	46.2	733	20	51.3
セントラルコンサルタント	592	17	22.4	814	24	19.7
大日コンサルタント	430	13	54.2	345	9	30.8
オオバ	422	19	36.5	712	26	44.8
東京設計事務所	315	9	69.2	1,248	18	78.3
協和コンサルタンツ	279	21	87.5	290	15	41.7
基礎地盤コンサルタンツ	259	10	41.7	309	8	33.3
川崎地質	133	5	33.3	78	3	37.5
ティーネットジャパン	0	0	0.0	0	0	0.0

日本振興、中央復建コンサルタンツは5～4月、中央コンサルタンツ、オオバ、エイト日本技術開発は6～5月、日本工営、ティーネットジャパン、三井共同建設コンサルタントは7～6月、長大、東京設計事務所は10～9月、協和コンサルタンツ、川崎地質は12～11月、建設技術研究所、いであ、応用地質、ニュージェック、NJS、オリジナル設計は1～12月で集計。日本工営都市空間の2021年度実績は玉野総合コンサルタント分を含む。大日本コンサルタントとダイヤコンサルタントは合併し、2023年7月1日から大日本ダイヤコンサルタントに社名変更

04 建設コンサル業の総合評価落札方式

受注額・件数とも減少、3割超は14社

2022年度の総合評価落札方式は、回答のあった38社合計の受注金額が前年度比5.1%減の1595億9200万円、受注件数も4.9%減の4459件とともに減少した。受注件数を入札件数で割った受注率は全社平均で27.9%となり、前年度から0.3ポイントの微減となった。3割以上の「高打率」企業は1社減の14社。前年度より受注率を高めたのは17社となっている。

受注率アップへの取り組みでは積算精度の向上を挙げる企業が多く、ダブルチェック機能や積算担当部室の強化などに引き続き力を入れている。発注者側の運用面については、一括審査方式の導入により一社独占がなくなり受注機会（可能性）が増えたとする意見や受発注者双方の負担軽減の取り組み、また、地域限定要件や女性・若手技術者評価、資格要件の拡大など評価が多様化していることを前向きに捉える声が上がる一方、積算に関する質問への明確な回答が得られないといった指摘も依然としてある。

落札額が調査基準価格近傍となり価格競争と変わらないという根幹的な問題意識も多くの企業に共通しており、技術評価点のウエートを高める、または調査基準価格の引き上げを求める声は根強い。積算条件の明示と閲覧資料の電子化、質問回答日から入札までのゆとりある日数確保を要望する企業も少なくない。また、賃上げ加点措置の期間の明確化を求める声もある。

総合評価落札方式の受注状況（単位：百万円、受注率は％）

会社名	2022年度			2021年度		
	金額	件数	受注率	金額	件数	受注率
日本工営	17,079	495	31.1	16,389	471	29.4
パシフィックコンサルタンツ	13,865	329	33.6	15,790	347	32.4
日本振興	13,062	207	60.2	11,744	207	51.1
建設技術研究所	11,770	325	29.8	12,854	368	30.4
ティーネットジャパン	8,379	132	52.2	6,985	119	38.5
いであ	7,026	243	32.1	7,338	244	30.3
セントラルコンサルタント	6,318	173	21.9	6,234	147	22.6
オリエンタルコンサルタンツ	6,016	182	28.4	7,406	238	35.6
エイト日本技術開発	5,664	157	20.2	5,774	148	24.8
パスコ	5,541	148	36.8	5,118	145	32.7
長大	5,502	129	23.6	6,540	133	23.5
アジア航測	4,872	109	28.9	5,841	132	27.7
国際航業	4,616	145	20.6	4,561	156	22.3
応用地質	4,585	150	32.0	4,922	173	29.2
大日本コンサルタント	4,270	105	28.2	5,923	115	34.7
中央コンサルタンツ	4,015	121	23.0	4,623	121	26.2
復建技術コンサルタント	3,436	119	31.5	3,881	132	35.7
三井共同建設コンサルタント	3,394	83	23.9	3,147	88	27.4
オオバ	3,030	24	12.1	350	16	7.1
ニュージェック	2,639	117	23.7	2,916	123	20.4
八千代エンジニヤリング	2,538	111	21.9	3,042	125	22.4
ドーコン	2,165	70	27.0	2,701	85	25.2
NTCコンサルタンツ	2,111	122	40.7	1,791	91	42.3
建設環境研究所	2,088	89	22.2	2,537	125	29.9
中電技術コンサルタント	2,080	61	17.8	2,020	62	16.9
中央復建コンサルタンツ	1,912	56	20.6	2,079	52	29.5
日水コン	1,704	61	27.9	2,062	80	31.4
復建調査設計	1,539	60	19.7	2,505	81	23.9
基礎地盤コンサルタンツ	1,333	49	14.7	2,964	85	19.9
日本工営都市空間	1,304	61	17.5	1,592	62	17.3
千代田コンサルタント	1,249	17	32.7	359	12	20.3
大日コンサルタント	1,027	32	24.2	1,527	29	28.2
協和コンサルタンツ	788	50	87.7	941	33	41.8
川崎地質	698	44	24.0	1,530	47	20.0
福山コンサルタント	657	24	14.5	853	37	19.4
NJS	587	28	59.6	705	29	70.7
東京設計事務所	420	13	48.1	238	10	66.7
オリジナル設計	313	22	68.8	306	20	76.9

日本振興、中央復建コンサルタンツは5〜4月、中央コンサルタンツ、オオバ、エイト日本技術開発は6〜5月、日本工営、ティーネットジャパン、三井共同建設コンサルタントは7〜6月、長大、東京設計事務所は10〜9月、協和コンサルタンツ、川崎地質は12〜11月、建設技術研究所、いであ、応用地質、ニュージェック、NJS、オリジナル設計は1〜12月で集計。日本工営都市空間の2021年度実績は玉野総合コンサルタント分を含む。大日本コンサルタントとダイヤコンサルタントは合併し、2023年7月1日から大日本ダイヤコンサルタントに社名変更

7割で完工高が増加

電気、管・空調などの設備工事業の2022年度（22年4月〜23年3月期）業績を単体ベースの完成工事高（上位50社）でランク付けした。完工高のトップ3は前期と同じくきんでん、関電工、九電工の3社が並んだ。上位50社のうち、前期実績を上回ったのは7割の35社となった。前期はコロナ禍からの反動増という傾向が強かったが、22年度はそこからさらに完工高を伸ばした格好だ。

採算性の指標である完成工事総利益（工事粗利）率は公表した48社平均で13.6%と例年並み。大きな落ち込みは見られないが、資材高騰の影響などを受けて伸び悩んでいる。

次期業績の先行指標となる受注高は堅調に推移している。規模の大きい企業を中心に受注を積み増しているものの、24年度から適用開始となる時間外労働の上限規制との整合に悩む企業も多い。とくに工事の後工程に当たり、全体工期のしわ寄せを受けやすいといった設備工事業の特性からの苦慮もうかがえる。

設備工事業上位50社の業績（完工高順。単位：百万円、粗利は%）

会社名	受注工事高	売上高	完成工事高	粗利	経常利益	当期利益
きんでん	558,320	524,233	524,233	15.8	37,125	27,672
関電工	493,317	469,990	469,990	10.3	28,669	18,239
九電工	379,286	333,007	328,333	12.6	28,126	21,806
エクシオグループ	277,802	295,120	295,120	9.8	16,095	27,936

会社名	受注工事高	売上高	完成工事高	粗利	経常利益	当期利益
高砂熱学工業	264,147	244,149	244,149	13.9	13,962	10,850
東芝プラントシステム	186,269	232,975	232,975	11.3	14,749	4,883
ユアテック	221,599	209,474	209,474	12.9	10,477	7,206
トーエネック	-	207,618	190,894	12.1	7,412	▲6,502
新菱冷熱工業	213,157	199,166	190,516	16.1	16,629	10,380
日本コムシス	166,873	185,482	185,482	8.2	5,701	3,758
ダイダン	195,732	179,619	179,619	12.4	9,423	6,775
ミライト・ワン	-	182,449	173,812	10.1	12,975	67,978
三機工業	193,999	169,116	153,178	12.6	5,624	4,830
中電工	167,762	148,235	148,235	10.0	9,137	▲7,967
日本電設工業	146,755	135,762	135,762	12.8	8,733	6,237
大気社	153,987	133,342	133,342	15.7	10,623	8,546
住友電設	143,769	129,317	129,317	13.6	11,581	8,645
太平電業	127,666	118,055	118,055	19.6	14,571	10,189
日立プラントサービス	126,545	107,086	107,086	18.1	11,099	6,371
新日本空調	108,723	95,179	95,179	16.5	7,914	5,597
栗原工業	90,836	94,743	94,743	9.3	4,979	3,000
東光電気工事	112,641	94,432	93,262	10.0	3,188	1,795
三建設備工業	86,523	82,717	81,032	11.0	1,634	1,874
日比谷総合設備	76,884	73,567	73,567	17.1	5,735	4,160
四電工	74,521	74,399	73,263	13.8	4,049	3,055
朝日工業社	80,221	77,458	72,397	11.0	3,059	2,527
富士古河E&C	79,828	73,281	70,789	17.9	6,471	4,128
北海電気工事	-	70,369	70,369	4.7	1,272	840
東洋熱工業	81,984	68,978	68,978	17.8	5,472	3,567
レイズネクスト	63,598	65,290	65,290	12.6	5,472	3,881
日立プラントコンストラクション	-	62,057	62,057	17.1	7,646	3,004
サンワコムシスエンジニアリング	-	60,449	60,449	13.5	6,181	4,667
東北発電工業	60,797	66,202	56,886	11.6	3,266	3,112
テクノ菱和	67,771	56,548	55,661	15.3	3,403	2,275
新生テクノス	58,073	52,296	52,296	11.1		
能美防災	-	81,337	51,211	30.7	6,756	5,411
斎久工業	25,314	48,170	48,170	9.5	1,567	1,075
日新電機	-	80,327	48,150	-	12,807	10,106
シーテック	-	70,641	44,317	21.0	5,348	3,801
HEXEL Works	41,107	44,303	44,303	12.9	2,931	2,104
日本リーテック	-	47,197	43,990	14.9	2,466	1,678
北陸電気工事	53,355	43,835	42,448	15.0	2,581	1,723
須賀工業	49,169	42,581	42,030	14.9	1,583	1,116
スガテック	50,451	40,804	40,804	14.3	4,277	2,942
西日本電気システム	35,550	39,961	38,520	7.3	238	155
太平エンジニアリング	43,203	59,796	38,418	-	3,382	2,274
明星工業	38,543	38,214	38,214	21.9	6,000	4,165
大成設備	44,910	37,812	37,812	14.4	3,037	2,135
四電エンジニアリング	38,151	47,327	37,615	7.5	2,179	1,555
ヤマト	-	37,152	37,152	8.8	2,001	1,606

06 道路舗装会社の決算業績

原油価格高止まり、利益に影響

　道路舗装11社の2023年3月期決算は、受注高、売上高ともにそれぞれ6社が前期比増となったものの、利益面では原油価格の高止まりの状況が続き、資材価格やエネルギー価格の高騰などが経営に影響を与え、採算が悪化した。

　受注高は、前田道路、日本道路、東亜道路工業、世紀東急工業、佐藤渡辺、鹿島道路が前期比増とした。前期比減となった会社も、大きな減少ではなく、微減となっている。政府の国土強靱（きょうじん）化推進や、高速道路のリニューアル工事などで底堅さを維持した。

　売上高では、NIPPO、前田道路、東亜道路工業、世紀東急工業、三井住建道路、鹿島道路が前期比増となった。三井住建道路は、工事利益率の好転などにより利益を確保している。

　事業環境では、原油価格の高騰で主要資材であるアスファルトなどが年度を通じて高値圏を推移したことを背景に、製造・販売事業の主要材料であるアスファルト価格の上昇、エネルギー価格の上昇などを受けて、採算の面で大きな影響を受けた。各社ともに、顧客との対話、理解を通じて価格転嫁に取り組んでいる。

　取り巻く環境は、先行き不透明な状況が続くことが想定されるが、各種施策を展開し、受注や利益の確保に努めるほか、カーボンニュートラルの実現などに向けた環境配慮の取り組みにも力を入れる。

道路舗装11社の2023年3月期決算業績

会社名	受注高	%	建設	%	製造販売	%	売上高	%	営業利益	%	経常利益	%	純利益	%
NIPPO	-	-	-	-	-	-	437,521	0.2	-	-	33,973	▲16.7	-	-
前田道路	252,755	7.3	175,072	8.0	77,683	5.7	248,662	5.5	11,485	▲1.7	11,935	▲1.8	9,446	▲1.6
							246,800	▲0.7	14,000	21.9	14,060	17.8	9,200	2.6
日本道路	156,506	6.3	127,896	6.3	22,076	9.2	155,353	0.7	5,695	▲30.6	5,920	▲31.0	5,704	0.6
			140,000	9.5			164,000	5.6	10,000	75.6	10,100	70.6	6,500	14.0
東亜道路工業	117,032	6.2	68,356	4.1	48,675	9.5	118,721	5.9	4,736	▲14.1	4,957	▲11.3	3,160	14.9
							120,000	1.1	6,000	26.7	6,200	25.1	4,000	26.6
世紀東急工業	92,260	11.4	74,546	10.5	17,713	14.8	92,414	8.6	2,669	▲39.6	2,647	▲39.3	1,127	▲65.9
							93,300	1.0	4,920	84.3	4,820	82.1	3,250	188.4
佐藤渡辺	37,616	3.2	-	-	-	-	34,656	▲7.5	616	▲75.3	709	▲72.4	446	▲74.2
							42,000	21.2	2,000	224.6	2,100	196.0	1,350	202.2
三井住建道路	30,843	▲1.6	25,226	▲3.4	5,616	6.6	31,914	1.2	1,008	8.1	1,015	6.9	630	0.5
							32,400	1.5	1,110	10.0	1,110	9.3	680	7.9
鹿島道路	132,367	1.5	111,290	1.0	20,639	4.5	132,399	5.7	5,082	▲9.0	5,415	▲6.7	3,476	▲15.0
	132,200	▲0.1					130,000	▲1.8	6,000	18.0	6,200	14.5	4,200	20.8
大成ロテック	116,492	▲2.4	91,883	▲6.1	24,609	14.6	112,360	4.2	677	▲77.1	818	▲73.8	467	▲76.6
	135,000	15.9	109,800	19.5	25,200	2.4	120,200	7.0	4,500	563.7	4,500	449.9	3,000	542.4
大林道路	103,254	▲5.5	88,729	▲6.5	14,525	1.0	98,471	7.7	2,233	▲53.7	2,324	▲52.7	1,536	▲54.0
	108,650	5.2					106,650	8.3	4,800	114.9	4,880	109.9	3,250	111.6
ガイアート	46,477	▲3.4	36,148	▲6.1	10,328	7.1	46,997	5.6	433	▲82.7	464	▲81.6	222	▲86.4
	52,600	13.2	42,000	16.2	10,600	2.6	50,600	7.7	1,230	183.9	1,249	168.9	660	196.5

単位：百万円。金額の右列は前年同期比％。下段は24年3月期予想。上場の日本道路、東亜道路工業、世紀東急工業、三井住建道路、佐藤渡辺は連結。非上場のNIPPO、前田道路は連結、鹿島道路、大林道路、大成ロテック、ガイアートは単体での回答

07 設計事務所の設計・監理収入

受注環境好転、上位30事務所の8割以上が前期比増

　日刊建設通信新聞社が、2023年6、7月にかけて建築設計事務所を対象に実施したアンケートの結果によると、直近の建築設計・監理収入の上位30事務所のうち、前期から実績を伸ばしたのは25事務所で、22年アンケート時の14事務所を大きく上回った。さらに、11事務所の収入が前期比で2桁増となるなど、コロナ禍から社会・経済が立ち直り始めたことなどを背景に、受注環境が大きく好転した様子がうかがえる。

　トップ10内では、日本設計が前年の4位から2位に、JR東日本建築設計が7位から6位に順位を上げた。18年以降、順位の変動はあるものの、6年連続で7位までに同じ設計事務所がランクインしており、いずれも100億円以上の収入を確保している。また、過去10年で初めて、トップ4の収入が200億円を超えた。

　11位以下の順位変動をみると、前年と同じ順位をキープしたのは3事務所。順位を上げた10事務所のうち、12位の大建設計が3ランク、20位の内藤建築事務所と22位のINA新建築研究所がともに2ランク上昇した。順位を落としたのは10事務所だが、多くが前年比で収入がプラスとなった。プランテック、教育施設研究所、日総建は新たに上位30事務所に入った。

設計事務所上位30社の設計・監理業務収入

	事業所名	所員数	収入 (百万円)	前期比 (%)
1	日建設計	2,338	41,931	▲ 12.6
2	日本設計	998	21,714	23.4
3	NTTファシリティーズ	5,100	20,446	▲ 3.2
4	三菱地所設計	755	20,350	2.1
5	梓設計	683	12,369	0.2
6	JR東日本建築設計	504	12,257	18.1
7	久米設計	651	11,953	2.2
8	山下設計	429	8,314	9.8
9	日企設計	328	7,880	11.7
10	安井建築設計事務所	416	7,473	6.0
11	佐藤総合計画	332	7,342	7.7
12	大建設計	366	7,158	25.3
13	石本建築事務所	371	7,008	13.0
14	東畑建築事務所	361	6,898	▲ 0.5
15	アール・アイ・エー	244	6,124	3.4
16	松田平田設計	371	5,977	5.1
17	類設計室	355	5,206	0.6
18	日立建設設計	271	4,860	14.3
19	東急設計コンサルタント	249	4,799	0.5
20	内藤建築事務所	265	4,583	14.0
21	あい設計	331	4,551	10.8
22	INA新建築研究所	268	4,253	9.5
23	IAO竹田設計	222	4,253	5.4
24	綜企画設計	312	4,088	3.8
25	総合設備コンサルタント	163	2,750	2.3
26	昭和設計	208	2,690	▲ 7.6
27	日建ハウジングシステム	124	2,552	24.5
28	ブランテック	182	2,348	-
29	教育施設研究所	124	2,039	23.4
30	日総建	125	1,932	32.1

設計事務所の用途別設計・監理業務収入（単位：百万円、前期比は%）

集合住宅	収入	前期比
日企設計	3,561	8.4
IAO竹田設計	3,109	4.1
アール・アイ・エー	2,486	▲4.6
日建ハウジングシステム	2,383	27.0
INA新建築研究所	1,191	2.2
松田平田設計	1,177	9.0
日本設計	1,064	▲44.0
東急設計コンサルタント	868	▲32.7
大建設計	773	6.6
翔設計	764	17.0

生産系施設	収入	前期比
NTTファシリティーズ	15,109	0.4
JR東日本建築設計	4,878	32.0
日立建設設計	4,471	16.8
大建設計	3,149	90.8
梓設計	2,708	▲4.2
日建設計	2,138	▲24.5
類設計室	1,842	28.1
JFE設計	1,607	3.2
東急設計コンサルタント	1,473	137.2
東電設計	1,339	▲22.6

事務所系ビル	収入	前期比
日建設計	20,797	▲9.1
三菱地所設計	15,262	6.1
日本設計	10,748	17.7
久米設計	4,542	7.9
NTTファシリティーズ	3,026	▲21.8
JR東日本建築設計	2,500	30.9
安井建築設計事務所	2,294	▲20.6
山下設計	1,995	3.8
梓設計	1,954	▲24.3
松田平田設計	1,763	29.2

文教施設	収入	前期比
梓設計	4,391	25.2
石本建築事務所	3,819	11.2
綜企画設計	3,352	10.6
佐藤総合計画	3,157	0.7
日本設計	3,040	12.2
久米設計	2,988	▲5.4
東畑建築事務所	2,980	▲4.3
山下設計	2,951	8.0
日建設計	2,935	▲26.3
類設計室	2,925	▲12.8

医療福祉施設	収入	前期比
内藤建築事務所	3,890	16.5
佐藤総合計画	2,055	101.1
久米設計	1,912	▲3.8
山下設計	1,845	67.0
奥野設計	1,402	45.5
日建設計	1,299	▲52.5
梓設計	1,298	▲9.3
日本設計	1,129	▲26.3
伊藤喜三郎建築研究所	1,037	▲10.9
横河建築設計事務所	927	▲3.0

商業施設	収入	前期比
日建設計	6,038	1.5
JR東日本建築設計	4,326	5.2
日企設計	2,529	25.8
三菱地所設計	2,238	▲0.6
日本設計	2,171	3.7
東急設計コンサルタント	1,905	▲5.0
梓設計	1,608	▲0.6
アール・アイ・エー	1,237	11.1
安井建築設計事務所	1,150	▲3.9
プランテック	1,091	-

第 10 章

話題を追って

01 CCUS
——運用状況

登録技能者100万人を突破

　建設キャリアアップシステム（CCUS）の登録技能者数が2022年10月に100万人を超えた。19年4月の本格稼働から約3年半で大台に到達した。全技能者数の3分の1が登録したことになる。

　CCUSにもとづく能力評価（レベル判定）を受けた技能者は通算で7万6661人（23年5月末時点）。このうち、約6割は登録基幹技能者などのレベル4（ゴールド）カードの保持者で、レベル3（シルバー）が1万4173人、レベル2（ブルー）は1万4656人だった。

　国土交通省は、週休2日を確保した労働日数で、公共工事設計労務単価の金額が賃金として行き渡った場合に考えられる技能者の年収について、CCUSのレベル別に試算した結果を公表した。建設業への入職を促す若手世代向けに処遇面のキャリアパスとして示した。全国・全分野の平均年収は、レベル4の平均（中位）で707万円となった。

　また、年に4回程度メールマガジン「CCUSメンバーズメール」を配信し登録技能者向けの特典や有益な情報を案内するなど、民間サービスも増えている。建設業退職金共済との連携強化、経営事項審査での加点、現場管理の効率化など、利便性やメリットを高める取り組みも打ち出されている。登録技能者数が100万人を突破したことにより、CCUSの運用・活用は新たなステージに入ったといえる。

02 CCUS
——レベル反映した手当て支給

処遇改善へ優良事例を水平展開

　建設キャリアアップシステム（CCUS）の能力評価で判定された技能レベルを独自の手当てに反映して技能者に支給する動きが、元請企業に広がっている。レベルが上がるほど支給される手当てが増え、技能者の処遇改善につながるため、旗振り役の国土交通省は、優良事例の水平展開を引き続き進める。CCUS登録技能者を対象に、元請企業が建設業退職金共済制度の掛け金を負担する取り組みも広がりをみせている。

　国交省の聞き取り調査によると、こうした取り組みを実施または検討している元請企業は、2022年12月時点で50社を超えている。22年5月時点では20社超だったことから、同省は日本建設業連合会の会員企業を中心に広がってきているとみている。

　CCUSに登録した技能者には、レベル1（ホワイト）のカードが最初に配布され、専門工事業団体の能力評価を受けることで国交大臣が認定した能力評価基準に沿って、レベル2（ブルー）、レベル3（シルバー）、レベル4（ゴールド）のいずれかのカードが得られる仕組みとなっている。西松建設や奥村組などは、カードの色に応じた手当てを技能者に支給。鹿島、清水建設、竹中工務店などは、CCUS登録技能者を対象に民間工事で建退共の掛け金を負担している。このほか、各社が持つ優良職長制度でCCUS登録を要件にしているケースもあり、さらなる広がりが予想される。

03 CCUS
——レベル年収の試算結果公表

若年世代に処遇面のキャリアパス提示

　国土交通省は2023年6月、週休2日を確保した労働日数で、公共工事設計労務単価相当額が賃金として行き渡った場合に考えられる技能者の年収について、建設キャリアアップシステム（CCUS）のレベル別に試算した結果をまとめた。全国・全分野の平均年収は、レベル4の平均（中位）で707万円となった。建設業への入職を検討する若年世代に向けた処遇面のキャリアパスの見通しとしての役割もある。

　22年度公共事業労務費調査で把握した日当ベースの賃金実態をもとに、国交大臣がレベル判定の能力評価基準を認定している40分野のうち、同調査の対象である51職種と対応する32分野を対象として、週休2日を確保した場合の年間労働日数234日を乗じて年収を試算した。

　CCUSに登録していても能力評価を受けていないため、レベル1の技能者が多数存在しており、同調査でレベル評価されていない場合は、経験年数と資格からレベルを推定（レベル1相当が5年未満、レベル2相当が5年以上10年未満、レベル3相当が10年以上または1級技能士、レベル4相当が登録基幹技能者）して算出。設計労務単価の算定と同等に必要な費用も反映した上で、レベルごとに▷上位（上位15％程度の賃金水準）▷中位（中位程度の賃金水準）▷下位（下位15％程度の賃金水準）——の3階層に分けて公表した。

04 CCUS ——能力評価を加速

ワンストップ申請で登録時に色付きカード発行

　国土交通省は、建設キャリアアップシステム（CCUS）の就業履歴蓄積と能力評価の加速化に向けた施策パッケージをまとめた。2024年4月をめどにCCUSの技能者登録時に能力評価を反映した色付きカードを発行する「ワンストップ申請」を始めるなど、建設業振興基金が運営するCCUSと能力評価の連携を強化する。

　色付きカードを得るまでにCCUS登録と能力評価申請の2段階の手続きを要することなどから、能力評価を受けてレベル2以上と判定された技能者数は全体の1割未満にとどまる。このため、23年度を「CCUS能力評価躍進の年」と位置付け、「技能者の能力評価の促進」「どの現場でも技能者が就業履歴を蓄積できる環境整備」の2つの柱に沿った取り組みを強力に進める。

　ワンストップ申請は、能力評価の促進に向けた取り組みの1つで、技能者登録と能力評価申請の同時提出を可能にする。申請手続きの際にCCUS登録手数料と評価手数料を支払うことで、CCUSを運営する建設業振興基金が各能力評価実施団体にレベル判定を依頼し、CCUS登録完了と同時に能力評価を反映した色付きカード（ブルー、シルバー、ゴールド）が技能者に発行される仕組み。

　また、カードリーダーが設置されていない現場で就業履歴を蓄積できる環境も整備する。

05 CCUS ──証明書類の提出5年延長

過去の経歴証明できる期限は23年度末まで

　国土交通省は、建設キャリアアップシステム（CCUS）に登録された技能者のレベルを判定する能力評価制度で経過措置として設けている経歴証明について、書類の提出期限を5年延長して2029年3月31日に改めた。併せて、過去の経歴を証明できる期間の範囲を24年3月31日までと新たに定めた。これにより、29年3月31日までに能力評価を申請する場合、24年3月31日までの経験を能力評価時に加算できる。

　CCUSに就業履歴を蓄積できる環境が整うまでの経過措置である経歴証明は、CCUSに事業者登録している所属事業者等（元請事業者、上位の下請事業者を含む）が経歴証明書の欄に入力した能力評価申請書を能力評価実施団体に提出することで、登録技能者がCCUSの利用を始める前の就業日数と職長・班長としての就業日数を証明する仕組み。

　能力評価制度はCCUSで客観的に把握できる就業日数、保有資格、マネジメント経験（職長・班長としての経験年数）を評価することが原則であるため、技能者はCCUSに登録した時点でレベル1からスタートするが、企業が過去の経歴を証明することで、経験や資格に応じてレベル2、レベル3、レベル4の認定を受けられる。29年4月1日以降に能力評価を申請する場合は、CCUSに蓄積された情報のみで能力評価を行うこととなる。

06 脱炭素
——CP本格導入へ工程表

28年度めどに炭素賦課金制度スタート

　経済産業省は、CO_2の排出量に価格を付け、企業に金銭負担を求めるカーボンプライシング（CP）の本格導入などに向けて、今後10年間のロードマップ案をまとめた。化石燃料輸入事業者などを対象とする炭素に対する賦課金制度の導入は2028年度ごろ、排出量取引制度の本格稼働は26年度ごろとする方針だ。

　政府は今後10年間で官民による150兆円規模のGX（グリーントランスフォーメーション）投資に向けて、呼び水となる約20兆円を「GX経済移行債」の発行で確保し、脱炭素化投資を支援する方針を掲げている。償還財源は、CO_2排出量に応じた企業への賦課金と、企業間の排出量取引を組み合わせて捻出する考えだ。

　炭素に対する賦課金制度の対象は、電力・ガス・石油の元売り企業や商社などを想定し、化石燃料ごとのCO_2排出量に応じて賦課する。当初は低い負担で導入し、徐々に引き上げる。

　排出量取引制度は、企業が自主設定・開示する削減目標達成に向けて、23年度から試行的に導入する。26年度からの本格稼働では、政府指針を策定した上で企業が設定した目標が指針に合致しているかなどを民間の第三者機関が認証する仕組みの導入を検討する。33年度からは電力会社など発電部門について、段階的な有償化を検討し電源の脱炭素化につなげていく。

07 脱炭素
—— GX脱炭素電源法が成立

既存原発「60年超」運転可能に

既存原子力発電所の「60年超」運転を事実上可能とする制度整備を含んだ電力の安定供給と、地域と共生する再生可能エネルギー導入拡大への支援を柱に脱炭素社会実現を目指す「GX（グリーントランスフォーメーション）脱炭素電源法」が2023年5月に成立した。

電気事業法（電事法）と原子炉等規制法（炉規法）、再生可能エネルギー特別措置法、使用済み核燃料再処理法、原子力基本法の5本の改正法を一本化した。

炉規法で定めた原発の運転期間ルールを、新たに経済産業省所管の電事法で明記。「原則40年、最長60年」を基本としつつ、安全審査などによる停止期間を算入しないことで、事実上の「60年超」運転を認める。

炉規法には、高経年化した原発に対する安全規制を盛り込んだ。運転開始30年以降は、10年以内ごとに劣化状況の点検や管理方法を記載した「長期施設管理計画」を策定し、原子力規制委員会の審査、認可を受ける仕組みを導入する。

再処理法では、廃炉の円滑化に向け、原子力事業者に対し、国の認可法人「使用済燃料再処理機構（NuRO）」への拠出金納付を義務付ける。

再エネの導入加速では、太陽光や風力の発電地域である北海道と首都圏を結ぶ海底ケーブルなどの送電網整備計画を国が認可し、工事の着手段階から交付金を支給する。

08 脱炭素
── GHG排出量算定で手引き

工種別・資材ごとの数量に排出原単位を乗算

　不動産協会などが、有識者とともに立ち上げた「建設時GHG排出量算定マニュアル検討会」は、建設時の温室効果ガス（GHG）排出量を算定する受発注者共通のマニュアルを策定した。不動産協会の排出量算定方法の選択肢の1つと位置付ける。

　対象は、資材製造から施工までの新築時に発生するカーボン（アップフロント）。従来の建設工事費に固定係数を掛ける算定方法から、工種別・資材ごとの数量に排出原単位を掛ける方式に変更。これにより資材ごとのGHG排出量が算定可能となるため、Scope1、2、3のサプライチェーン全体の排出量を算出できる。

　建築プロジェクトの基本計画・基本設計段階で使用する「簡易算定法」では、杭基礎、鉄、コンクリートの資材量を入力して躯体のGHG排出量を算定し、そのほかの建築資材や工事、設備は金額に原単位を掛ける。設計から竣工までの工事段階で使用する「標準算定法」は、躯体に加え、主要資材も資材量に原単位を掛ける。とくに詳細な分析・検証が必要な場合は、全ての項目で資材量を入力する「詳細算定法」を使用する。モデルビルを使った計算では、同じビルでも従来の算定方式より新方式（詳細算定法）の方が2割程度、排出量が少なかった。鉄骨やコンクリートの割合が高い躯体では、電炉材やB種コンクリートを使用すればさらに排出量を下げられる。

09 建設用3Dプリンター社会実装へ

検討会設置し規制の在り方議論

　国土交通省は、建設用3Dプリンターの社会実装に向け、建築に関する規制の在り方を議論する検討会を2023年度上期に設置し、同年度内に論点を整理する。

　建設用3Dプリンターは、型枠が不要で、工期短縮につながるとともに、自由自在に造形できる特長があることから、建設（土木・建築）の在り方を大きく変える可能性を持っている。

　検討会では、建設用3Dプリンターと、それを活用した建築を新たな成長産業の1つとして育てるため、建築基準法など既存の規制との関係を整理した上で、スタートアップを含む事業者とユーザーの利用環境を官民連携で整備する。

　こうした革新的な新技術が建設分野で今後も登場することを想定し、新たな工法や、それらに適した材料の認定の在り方も議論する。これらの取り組みにより、「建設DX（デジタルトランスフォーメーション）」の新市場創出を目指す。

　また、革新的技術のさらなる出現や、それに適した新たな材料・工法の登場を見据え、材料の性能に着目するなど、デジタル時代における規制の在り方も探る。

　検討会は、事業者、指定性能評価機関、自治体などの当事者から広く意見を聴取した上で、新しい材料・技術の実態に即した内容で報告書をまとめる。

10 建設業界でも生成AI活用

設計者、技術者向けのサービス展開

　米オープンAIが提供する「Chat（チャット）GPT」などの生成AI（人工知能）に世界中の熱視線が集まっている。利用者が質問文やキーワードを入力、画像をアップロードすると、それらをもとに文章や画像などを生成する。日本の建設業界でも、生成AIと他のシステムを組み合わせたサービスの展開がスタートアップ企業を中心に始まっている。

　不動産・建設領域向けのソフトウエア開発を手掛けるmign（マイン、東京都文京区）は2023年4月、設計者向けソフトウエア「studiffuse」（スタディーフューズ）に、チャットGPTなどを連携させた機能を追加した。文章や画像を入力するとチャットGPTが要約し、その要約をもとに別の画像生成AIが空間画像を生成する。設計の初期段階でクライアントとの打ち合わせ記録や参考画像をもとに空間の画像を多数生成し、目指すべき空間の絞り込みやすり合わせに活用する。

　また、土木分野向けの技術支援などを手掛けるMalme（マルメ、東京都千代田区）は23年4月、技術者向けサイト「BIM／CIM HUB」でチャットボットを公開した。チャットGPTをBIM／CIM関連の質問に特化させており、質問を入力すると、同サイトで公開している技術情報や国土交通省のガイドラインなどにもとづいた回答を生成する。

11 デジタルインフラを強靱化

G7大臣会合で共同声明採択

　日本が議長を務め、群馬県高崎市で2023年4月に開かれたG7（先進7カ国）デジタル・技術大臣会合では、デジタルインフラの安全性や強靱性を高めることなどを盛り込んだ共同声明を採択した。途上国や新興国などのデジタルインフラ整備の支援などを定めたアクションプランも策定した。

　共同声明では、世界規模の課題解決に向けたデジタルインフラの役割が大きいとし、その安全性と強靱性を高める重要性を確認。デジタルインフラの冗長性向上のため、地上のネットワークや海底ケーブルなど複層的な通信網の開発や展開が重要とした。海底ケーブルについては、セキュリティーと強靱性の観点での議論が必要とし、世界的な接続性を強化するため、発展途上国や新興国などとの協力が肝要とした。

　次世代情報通信システムのBeyond 5G（6G）をはじめ、2030年代以降のデジタルインフラの構築に向けた研究開発や国際標準化の協力強化なども盛り込んだ。アクションプランでは、世界銀行などと協力し、発展途上国の安全で強靱なデジタルインフラ構築を支援することを定めた。日本はG7や世界銀行との連携を加速するため、イベントを開き、具体的な協力分野を決める。

　このほか、複層的かつ世界的な接続性の強化に向けて、途上国や島しょ国などと協力する方針も示した。

12 経産省・東証がSX銘柄創設

24年春に選定結果、なでしこ・DX銘柄は定着

経済産業省と東京証券取引所は、持続可能な社会に向けた課題を自社の成長に取り込み、長期的・持続的な企業価値創造を進める先進企業を選定する「SX（サステナビリティトランスフォーメーション）銘柄」を創設する。2023年7月から公募を始め、24年春に選定結果を公表する。

SX銘柄の公表を通じて、企業経営者の意識変革を促し、投資家との対話・エンゲージメントを通じた経営変革を期待する。その上で、国内外投資家に対し、こうした日本企業が向かう変革の方向性を知らしめることにより、今後の日本株全体への再評価と新たな期待形成につなげていく。

両機関は12年度に「なでしこ銘柄」、20年度には両機関と情報処理推進機構が共同して「DX（デジタルトランスフォーメーション）銘柄」を創設。なでしこ銘柄は、女性活躍推進に優れた上場企業を投資家にとって魅力ある銘柄として紹介することなどが狙い。22年度は応募312社の中から16社を選定。「建設・資材」業種ではLIXILが選ばれた。

DX銘柄はデジタル技術の利活用を前提にビジネスモデルと経営の変革に挑戦する東証上場企業が対象。「DX銘柄2023」には32社が選ばれ、このうち特に優れた取り組みをしているトプコンなど2社を「DXグランプリ企業2023」に決めた。

13 インフラシステム海外展開戦略2025改定

CCSなどJCMプロジェクト大型化

　政府は、「インフラシステム海外展開戦略2025」を改定した。3つの重点戦略の一部を見直し、JCM（二国間クレジット制度）の大規模化、途上国のスタートアップ（新興企業）を支援する民間資金動員型無償資金協力による案件形成、「オファー型協力」を通じた戦略性強化などの施策を示した。

　展開戦略の改定は、インフラ海外展開を取り巻く環境変化に対応するため、デジタル技術の活用、現地パートナーやスタートアップとの連携、相手国ニーズに応じた提案型アプローチが求められていることをふまえた。国内外で「人への投資」を進め、バリューチェーンを俯瞰した総合的な提案につながる施策の実施に力を入れる。

　重点戦略は、▷DX（デジタルトランスフォーメーション）など新たな時代の変革への対応強化▷脱炭素社会に向けたトランジションの加速▷「自由で開かれたインド太平洋」（FOIP）をふまえたパートナーシップの促進──の3つ。加えて、コアとなる技術・価値の確保、切り売りから継続的関与への多様化促進、質高インフラ（日本の質の高いインフラ）に向けた官民連携推進の3つを展開手法の多様化とした。

　施策は、大規模再生可能エネルギーやCCS（CO_2回収・貯留）などJCMプロジェクトの大型化、気候変動適応策と緩和策を両立する質高インフラの整備など。

第 11 章

注目のプロジェクト

【北海道】
札幌4丁目プロジェクト
2025年春の開業目指す

　鹿島は、札幌市中央区南1条西4丁目で開発を進めている「(仮称)札幌4丁目プロジェクト新築計画」に本格着工した。竣工は2025年1月の予定だ。25年春ごろの開業を目指す。

　同計画は、市内有数の繁華街である南1西4スクランブル交差点(4丁目十字街)に面していたファッションビル「4丁目プラザ」跡地の開発事業。札幌市営地下鉄南北線、東西線、東豊線の3路線全てが乗り入れる大通駅に直結する立地に、同社の企画・開発・設計・施工で、S一部SRC造地下2階地上13階建て延べ1万8840㎡のオフィス・商業複合ビルを建設する。

　地下1階から地上3階までは商業施設とする。地上階の商業施設は、市民や来街者がにぎわいを感じられるように、主要道路である南1条通と札幌駅前通に面し

(仮称)札幌4丁目プロジェクトの完成イメージ

た位置に配置する。地下1階は、さっぽろ地下街ポールタウンと接続する計画で、地下鉄大通駅から天候に左右されずにアクセスできる。個性豊かな飲食店舗を誘致し、札幌ならではのにぎわいあふれる地下空間を実現する。

　地上4階から13階は延べ9936㎡の札幌大通地区で最大級のオフィスプレートを提供する。1フロアは最大7区画に分割可能だ。大小さまざまなオフィステナント需要に対応することで、入居テナントの専有部効率化やコスト削減に役立てる。天井高さは2.8m、OA床高さは100mm。オフィスエントランス階（地上1階、3階）に「まちのリビング」を設置することで、ワーカーの自由な働き方を支援する。

【東北】
青森駅東口開発計画
県都の新たなランドマークに

　青森市では、県都の玄関口にふさわしく、にぎわいの象徴となる新たなランドマークの整備が2024年度の完成に向けて鋭意進められている。

　JR東日本が旧青森駅東口駅舎跡地に駅ビルを建設する「青森駅東口開発計画」だ。

　青森駅周辺の開発を巡っては、18年6月にJR東日本と青森市、青森県、青森商工会議所の4者が「青森駅周辺のまちづくりに関する連携協定」を締結し、ロゴの策定やイベントなどで連携しながら取り組んでいる。同プロジェクトはその協定にもとづき、青森駅と周辺のにぎわい創出に向けて実施されている。

青森駅東口開発計画の完成イメージ

　規模はS造10階建て延べ約1万7800㎡。1〜3階は
JR東日本青森商業開発が運営する商業施設となるほ
か、4階には青森市が文化芸術拠点として市民美術展
示館を移設するとともに、青森県が縄文遺跡群に関す
る情報発信拠点を整備する。4〜10階には城ヶ倉観光
と慈恵会が運営するウェルネスホテルが入居する予定
だ。

　青森商工会議所は、青森駅前エリアを中心とした市
街地活性化および産業振興に寄与する事業を推進する
としている。同駅では21年3月に東西自由通路の供用
が始まっており、現在建設中の駅ビルと一体となって
駅東西の回遊性の向上、ひいては周辺地区のさらなる
にぎわいの創出が期待されている。

【関東】
JR大宮駅西口
バスターミナル計画と進む再開発
　さいたま市のJR大宮駅西口では、(仮称)バスタ大宮

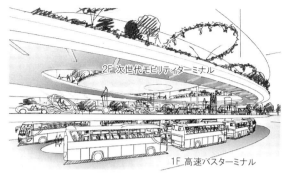

2F 次世代モビリティターミナル

1F 高速バスターミナル

高速バスターミナルのイメージ図

の検討が進むほか、周辺の再開発事業も行われている。2023年3月に関東地方整備局大宮国道事務所とさいたま市が、バスタプロジェクトの事業化を議論する「大宮駅西口交通結節点事業計画検討会」を開き、交通結節点の考え方や導入機能などをまとめた。整備候補地や施設計画の提示も予定しており、事業計画の策定に向けて前進している。

駅西側約500mで計画する大宮駅西口第3−A・D地区第一種市街地再開発事業では、地下2階地上27階建て延べ約4.5万㎡の住宅棟、地下2階地上21階建て延べ約4万㎡の業務棟を建設予定だ。単身者やシニア、ファミリー向けの多様な都市型分譲住宅約230戸を確保する。24年の工事着工、27年度の竣工を目指す。

京急川崎駅至近に新アリーナ
ディー・エヌ・エーと京浜急行電鉄が共同開発

ディー・エヌ・エーと京浜急行電鉄は共同で、川崎市の京急川崎駅至近に約1万人収容可能な新アリーナを含む複合施設を建設する。宿泊機能や飲食施設、公

園機能なども備える複合エンターテインメント施設となる。2023、24年の2年間で設計をまとめ、25年の着工、28年10月の開業を目指す。

建設地は、川崎区駅前本町25−4のKANTOモータースクール川崎校跡地の敷地約1万2400㎡。KANTOモータースクールから土地を借りて整備する。

新アリーナはディー・エヌ・エー傘下のプロバスケットボールチーム・DeNA川崎ブレイブサンダースのホームアリーナとして利用するほか、音楽ライブやダンスイベント、格闘技大会などによる活用も想定している。

施設の屋上は屋上庭園として開放することを検討する。隣接地には多摩川があるため、将来的には多摩川周辺の整備も見据える。

ディー・エヌ・エーの南場智子会長は「アリーナを超え、エンターテインメント複合施設として日本、世界に発信する。川崎と世界をつなぐプロジェクトにしたい」とコメントしている。

新施設の隣接地では、京急川崎駅西口地区市街地再

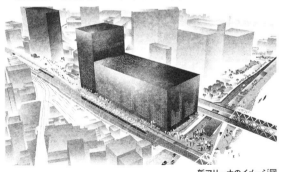

新アリーナのイメージ図

開発準備組合が、延べ8万㎡を超える開発を計画しており、事業協力者として京急が参画している。25年度に工事に着手し、30年度の事業完了を予定する。

新松田駅北口地区再開発
準備組合が発足、小田急線沿線で再開発活発化

小田急線沿線で、再開発に向けた取り組みが活発化している。

2023年5月、新松田駅北口地区市街地再開発準備組合（神奈川県松田町）が発足した。新松田駅北口駅前約1.8haを検討対象地区とする再開発で、順調にいけば、24年度の都市計画決定、25年度の本組合設立を経て、27年度に再開発ビルを着工する。29年度の完成を目指す。

松田町が19年に策定した基本計画では、2棟と駐車場からなる総延べ4万6800㎡の再開発ビルを計画。ともに低層部が店舗、その上が住宅となる。公共施設の入居も検討している。

伊勢原駅北口地区再開発準備組合は、伊勢原駅北口駅前約1.5haを検討対象とする再開発の事業協力者として、東京建物・小田急不動産JVを選定した。23年度の都市計画決定、24年度の再開発組合設立認可、25年度の権利変換計画認可を予定する。26年度から既存建物の解体や本体工事を進め、28年度の完成を目指す。

A1街区の敷地約1500㎡には3層程度の低層ビルを建設する。用途は商業や観光、業務を想定。A2街区には29階建て程度のビルを整備する。大部分は住宅とし、低層部に商業や観光、業務機能を設ける。

本厚木駅北口駅前約1.5haでは、本厚木駅北口地区市街地再開発準備組合が再開発を計画している。

【東京】
都内自治体の庁舎建設の動き
新庁舎建設へ動き活発、基金創設も

　都内自治体では新庁舎建設に向けた動きが活発だ。新宿区の庁内検討会がまとめた報告書によると、新庁舎の想定規模は延べ4万4000㎡で、概算建設費は設計監理費と建設費を合わせて320億～350億円。2024年度にも基本構想策定に着手する。台東区は、「東京都台東区庁舎整備基金」を創設した。将来的な新庁舎の整備も視野に入れ、中長期的な視点で検討を進める。

　品川区は現庁舎に近接する広町2丁目内の敷地約8300㎡に延べ約6万㎡の新庁舎を建設する。基本設計は日建設計が担当している。事業費は400億円以上を見込んでおり、25年度の着工、27年度の完成を目指す。江戸川区は延べ約4万7000㎡、高さ約99mの新庁舎を整備する。基本設計は山下設計が担当している。計画地は船堀四丁目地区第一種市街地再開発事業の施行区域北側。24年6月から実施設計を進め、25年10月の工事契約、28年度中の移転・供用を予定している。

　一方、26市内では多摩市が市役所本庁舎建替基本構想案をまとめた。概算事業費は約123億円で、新しい本庁舎の規模は延べ約1万8000㎡を想定する。建設地は関戸6丁目の現本庁舎敷地とし、24年度末までに基本計画をまとめる。30年度の供用を目指す。

神宮外苑再開発

24年の本体着工目指す　樹木本数は増加へ

　三井不動産、明治神宮、日本スポーツ振興センター（JSC）、伊藤忠商事の4者は、7棟総延べ56万5000㎡の複合施設などを整備する「神宮外苑地区第一種市街地再開発事業」を進めている。現在は明治神宮第二球場の解体工事を安藤ハザマの施工で着手済み。2024年の本体着工、36年の竣工を目指す。

　計画では、すでにPFI事業者として鹿島を代表者とするグループを選定している秩父宮ラグビー場の建て替えを含む7棟を建設する。ラグビー場（延べ7万349㎡）以外は、地下2階地上40階建ての複合棟A（事務所・店舗・ロビー・多目的室・駐車場など）、地下1階地上18階建ての複合棟B（サービスアパートメント・室内球技場・駐車場など）、2階建ての複合棟C（事務所・ロビーなど）、地下5階地上38階建ての事務所棟（事務所・店舗・ロビー・駐車場など）、地下1階地上14階建てのホテル併設野球場棟（野球場諸室・観客席・宿泊施設・ロビー・駐車場など）、平屋建ての文化交流施設（事務所・店舗）で構成する。地区面積は東京都新宿区霞ヶ丘町と、港区北青山1〜2丁目にまたがる17.5ha。

　4列のイチョウ並木などを残しながら緑やオープンスペースを増大させて歩行者ネットワークを強化する。全体の緑の割合は25%から30%に増やし、樹木本数も1904本から1998本に増やす。

都心部臨海地域地下鉄
新たな鉄道ネットワークの整備へ前進

　東京都心部では新たな鉄道ネットワークの整備に向け、各事業者が計画を進めている。東京都は「都心部臨海地域地下鉄構想」に関連して、新駅の位置やルートを盛り込んだ事業計画案を公表した。新駅「東京」を起点に、「新銀座」「新築地」「勝どき」「晴海」「豊洲市場」を経由し、「有明・東京ビッグサイト」までを結ぶ。事業費は約5000億円を見込む。ベイエリアの移動を支える新たな交通ネットワークを形成する。

　東京メトロ有楽町線と南北線、多摩都市モノレール（上北台～箱根ケ崎）は、それぞれ延伸に向け、都市計画の手続きに着手した。いずれも工期に約10年を見込み、2030年代半ばの開業を目指す。有楽町線の延伸区間は豊洲駅から住吉駅間の約5.2km。新駅は枝川2丁目付近に枝川駅、東陽町駅、千石2丁目付近に千石駅（いずれも仮称）を設置する。事業費に約2690億円を見込む。

　南北線の延伸区間は、品川駅から白金高輪駅間の延長約2.8km。新たに整備中の環状4号線をはじめ、道路直下を中心に通るルートを予定している。概算事業費は約1310億円。

　多摩都市モノレールは、上北台駅（東大和市）からJR八高線箱根ケ崎駅（瑞穂町）までの約7kmを延伸し、新青梅街道沿いを中心に7駅を新設する。

首都高の日本橋地下化
24年3月にも本体工事の施工者決定

　首都高速道路会社は首都高都心環状線の日本橋区間地下化事業を進めている。本体工事となる「高速都心環状線（日本橋区間）常盤橋地区トンネル工事」「同シールドトンネル工事」「同高速6号向島線接続地区上部・橋脚・基礎工事」の3件は公告済みで、2024年3～4月にそれぞれ契約する予定だ。いずれも技術選抜設計承認方式を適用する。

　同方式では、技術提案書の評価点が高い上位2者を段階選抜者として選定し、限定的な実施設計業務を契約する。その2者が実施設計や見積もり条件合意、価格ヒアリングなどを経て最終技術提案書を提出する。この後、総合評価一般競争入札で落札者を決める。

　日本橋地下化の事業区間は神田橋JCT～江戸橋JCT間の長さ約1.8km。このうち約1.1kmがトンネル、約0.4kmが高架、約0.3kmが擁壁構造となる。35年の連結路完成、40年度の事業完了を目指している。

　一方、日本橋区間の地下化で失われる大型車交通の環状機能を確保するため、東京都と首都高速道路会社は共同で新京橋連結路を整備する。事業区間は中央区新富2～八重洲2で、首都高速道路の八重洲線と都心環状線を地下で結ぶ。連結路は延長約1.1km、幅6.5m。35年度の供用を目指している。

虎ノ門エリア
新たなヒルズが誕生、森ビルの "磁力ある都市づくり"

　虎ノ門エリアでは2023年、森ビルが手掛ける新たな

ヒルズが完成する。「ステーションタワー」の竣工をもって先行して完成する"虎ノ門ヒルズ"は、インフラとの大規模な一体整備によって新たな東京の玄関口となり、外資系企業や世界で活躍する人材を引きつける。「国際新都心・グローバルビジネスセンター」の構築をコンセプトに14年に竣工した森タワーを起点に、ビジネスタワー（20年竣工）、レジデンシャルタワー（22年竣工）と段階的に開発を進めてきた。区域面積約7.5ha、総延べ約80万㎡の大規模プロジェクトの開発期間はわずか9年だ。

続いて完成する「麻布台ヒルズ」は、A街区（麻布台ヒルズ森JPタワー）とC街区（ガーデンプラザ）が23年6月に竣工した。A街区は、国内最高高さの330mを実現した。清水建設が施工したA街区の規模は、地下5階地上64階建て延べ約46万㎡。大林組が施工したC−1〜4街区は総延べ約4.5万㎡。

このほか、虎ノ門一丁目東地区市街地再開発組合が

虎ノ門ヒルズエリアの空撮

進める再開発事業のプランもまとまっている。規模は、地下4階地上29階建て延べ約12万㎡、高さ180m。24年の着工、27年の竣工を目指す。

新宿エリア
グランドターミナル構想実現へ解体進む

　新宿駅周辺では、各事業者がグランドターミナル構想の実現に向けて動き出している。JR東日本と京王電鉄の2社が計画する新宿駅西南口地区開発事業に関連して、南街区の解体工事が大成建設の施工で始まった。同事業では、京王百貨店新宿店敷地と甲州街道を挟んで隣接する敷地約1.9haに再開発施設2棟を建設する。規模は総延べ約29万㎡を想定。設計は日建設計とJR東日本建築設計が担当している。南街区は2028年度の竣工を目指す。北街区を含む全体完成は40年代を予定している。

　先行整備する南街区には、高さ225mで延べ約15万㎡の高層ビルを建設する。建設地は甲州街道を挟んだ敷地約0.6ha。JR新宿ビルなどが立地している。

　北街区の規模は延べ約14万1500㎡。高さは110m。建設地には京王百貨店などがある。敷地面積は約1ha。

　小田急電鉄と東京地下鉄、東急不動産は、「新宿駅西口地区開発計画」に関連して、小田急百貨店本館などの解体工事に着手した。新築工事は30年3月下旬の完成を目指す。規模は延べ27万8900㎡。設計は日本設計・大成建設JVが担当している。

　一方、東京都は、東西デッキの新設や西口・東口駅前広場の再編などを進めており、22年3月に西口駅前

広場整備に着工した。

神田エリア
複数の再開発事業の機運高まる

　長年親しまれた老舗書店「三省堂本店」が一時閉店し、街並みが変わっていく神田エリアでも、再開発の機運が高まっている。神田小川町三丁目西部南地区市街地再開発組合が計画する再開発事業は、靖国通り、明大通り、富士見坂に囲まれた三角形の敷地に計画する。商業施設、事務所、住宅などからなる再開発ビルの規模は、地下2階地上22階建て総延べ約3万㎡、高さ約110m。2025年度の着工、29年度の竣工を目指す。

神田小川町三丁目西部南地区再開発の
完成イメージ

JR秋葉原駅前では、事務所、住宅、店舗、駐車場などで構成する地下2階地上22階建て延べ約5万㎡の複合ビルの建設を計画している。このほか、神田川と国道17号線に面する位置で計画する外神田一丁目南部地区第一種市街地再開発事業や、神田警察署通り沿いの再開発など複数の計画が進んでいる。

八重洲エリア
ミクストユース型再開発、東京ミッドタウン八重洲が開業
　東京駅前の八重洲エリアで活発に進む再開発のうち、三井不動産らが進めていた八重洲二丁目北地区第一種市街地再開発事業が「東京ミッドタウン八重洲」として、2023年3月に開業した。ミクストユース型の施設は、地下4階地上45階建て延べ約28万㎡の八重洲セントラルタワーと、地下2階地上7階建て延べ5850㎡の八重洲セントラルスクエアからなる。マスターアーキテクトは、ピカード・チルトン、基本設計・実施設計・監理は日本設計、実施設計・施工は竹中工務店が担当した。

　隣接する八重洲二丁目中地区の再開発区域内では、長年親しまれた書店「八重洲ブックセンター」が営業を終了し、既存建物総延べ約13万㎡の解体工事が進む。再開発ビルの規模は、地下3階地上43階建て延べ約39万㎡、高さは約230m。29年の竣工を予定している。

　さらに隣の八重洲二丁目南地区は、共同化事業として事務所、店舗、ホテルなどで構成する地下3階地上39階建て延べ約13.5万㎡の複合ビルを建設予定だ。28

東京ミッドタウン八重洲

年度の竣工を目指している。

　八重洲エリア北側では、国家戦略特区の特定事業に認定されている東京駅前八重洲一丁目東Ａ地区とＢ地区の再開発事業が進む。Ａ地区の規模は、地下２階地上10階建て延べ約１万㎡。Ｂ地区は地下４階地上51階建て延べ約22.5万㎡、高さ約250ｍの超高層ビルが建つ予定だ。

品川駅西口エリア
日本の玄関口として変貌、加速する品川駅西口まちづくり

　リニア中央新幹線の開業とともに「日本の玄関口」として変貌する品川駅周辺のまちづくりが加速する。関東地方整備局は、国道15号上空を立体的に活用した

駅前広場のデザインコンセプトを「ミチウエ＆スクエア＆品川」に決めた。デッキ上に設けるシンボリックな大屋根のイメージも具体的になり、事業者の公募などが進む。約2haの歩行者空間を道路区域内に整備することは、全国的にも珍しい取り組みだ。BRT（バス高速輸送システム）や乗り合い型のモビリティの乗降場を集約した、次世代型交通ターミナルの整備を予定している。

西口地区では、並行して大規模再開発プロジェクトが進む。A地区には京浜急行電鉄が延べ約31万㎡の大規模複合ビルを建設する。その北側に隣接するC地区では、組合施行による第一種市街地再開発事業で延べ約19万㎡のビルを整備する。両地区の最高高さは約

品川駅周辺・駅前広場のコンセプト

160m。A地区は2023年度の着工、26年度の竣工、C地区は24年度の着工、27年度の竣工を目指す。

有楽町エリア
三菱地所中心に有楽町駅周辺で再開発

千代田区のJR有楽町駅周辺では複数の再開発計画が立ち上がっている。東京都、三菱地所、読売新聞東京本社、東京高速道路、東京交通会館の5者は2023年6月、市街地再開発準備組合を設立した。計画地は、有楽町駅東側の交通会館・旧都庁舎跡地のほか、同駅西側の読売会館などを含む敷地約3.2haとなる。MICE（国際的な会議・展示会など）機能の充実のほか、東京高速道路（KK線）と連携した歩行者ネットワークの拡充などを目指す。再開発施設の高さは100m以上を想定する。

三菱地所は、JR有楽町駅前に保有する有楽町ビルと新有楽町ビルを解体し、同社旗艦ビルを新築する。人材育成やビジネス創発、情報発信の拠点のほか、MICEや都市観光の機能を持つ施設を整備する。有楽町ビルの規模はSRC造地下5階地上11階建て延べ4万2159㎡で、1966年に竣工した。隣接する新有楽町ビルは67年竣工で、規模はSRC造地下4階地上14階建て延べ8万3023㎡。

関連して東京都は、有楽町ビルと新有楽町ビルが立地する「有楽町一丁目10・12地区」を、都市再生プロジェクトとして東京圏国家戦略特別区域会議に追加提案した。都市計画決定手続きの迅速化に向けた区域計画の認定は、2023年度中を目指している。

六本木エリア

延べ100万㎡超の大規模開発

　六本木五丁目西地区市街地再開発準備組合は、東京都港区の東京メトロ・都営地下鉄六本木駅至近で総延べ100万㎡超の大規模開発を計画している。事業協力者として、森ビルと住友不動産が参画している。

　超高層ビル2棟をはじめ、教会や寺院、学校など総延べ約108万㎡の施設を建設する。まちに開かれた交通結節点の整備や歩行者ネットワークの形成により回遊性を高めるほか、屋上庭園などを整備する。2025年度の着工、30年度の竣工を目指す。

　施行区域は六本木5、6丁目と麻布十番1丁目の敷地約10.1ha。敷地をA－Eの5街区に分ける。敷地北側のA街区はさらに3つに分け、A－1街区に高さ327m、地下8階地上66階建て延べ79万4500㎡の超高層ビルを建設する。A－2街区には3階建て延べ1000㎡の寺院、A－3街区には地下1階地上3階建て延べ1400㎡の教会を整備する。

　B街区には、共同住宅や店舗、事務所、駐車場などで構成する高さ288mの超高層ビルを建設する。規模は地下5階地上70階建て延べ23万9100㎡。C街区には6階建て延べ1万6900㎡の学校を建設し、D街区では既存の国際文化会館と旧岩崎邸の庭園を保全する。E街区には地下3階地上9階建て延べ2万9200㎡の共同住宅と店舗などからなる施設を計画している。

小岩エリア

災害に強いまちづくり、小岩の景色が一変

　東京都江戸川区のJR小岩駅周辺で、新たなまちづくりが着実に進んでいる。北口では、JR小岩駅北口地区市街地再開発組合が、地下1階地上30階建て延べ約9.5万㎡の複合施設を建設中だ。高さは約110mで、総戸数は約730戸。低層部には緑豊かな屋上広場を設け、駅周辺を1つの公園と考えた「COIWA PARKs」が誕生する。駅前には約6000㎡の北口交通広場も整備する。建物の竣工は2027年、全体の事業完了は31年を予定する。

　駅南側では、南小岩七丁目駅前地区第一種市街地再開発事業の計画も進む。総戸数約1000戸の住宅をメイ

JR小岩駅北口地区再開発の完成イメージ
提供：再開発組合

ンに、商業施設や公益施設、保育所などが入る2棟総延べ約16万㎡の再開発ビル2棟が建つ。25年の着工、30年度の供用開始を目指す。

東京23区内の大規模建築物
10万㎡超の開発は6件

　2022年度に東京23区で計画された延べ1万㎡超の建築物の総延べ床面積が、前年度比42.1%増の350万2820㎡になった。日刊建設通信新聞社の調べで分かった。件数は2件減の71件だった。1件当たりの平均延べ床面積は約1万6000㎡増の4万9335㎡。延べ10万㎡超の案件は2件増の6件だった。

　調査は、建築主が「東京都中高層建築物の建築に係る紛争の予防と調整に関する条例」にもとづき、22年4月から23年3月末までに東京都に提出した標識設置届全89件を対象に実施した。このうち、延べ1万㎡に満たない建築物と23区外の案件を除いた71件を独自に抽出した。

　区別に建設地をみると、港が9件で最多だった。以下、品川7件、板橋、中央の各6件、江東、大田の各5件、世田谷、渋谷の各4件などと続く。港、中央、千代田の都心3区の件数は計18件で、件数全体の25.3%を占めた。

　各案件の用途をみると、最も多い店舗が38件、共同住宅が36件、事務所は28件だった。集会場・ホール、劇場は各6件、ホテルは5件だった。新型コロナウイルス感染症拡大の影響で近年減少傾向にあったが、インバウンド（訪日外国人客）需要の回復やMICE（国際

的な会議・展示会など）の誘致などを見込み、件数が増加した。

最大規模の案件は、八重洲二丁目中地区市街地再開発組合が計画する「八重洲二丁目中地区第一種市街地再開発事業施設建築物」だった。規模はＳ一部ＳＲＣ造地下3階地上43階建て延べ38万8650㎡。鹿島が実施設計を担当している。23年11月の新築着工、29年1月末の竣工を目指す。

これに次ぐ規模は、小田急電鉄と東京地下鉄が東京都新宿区で計画する「新宿駅西口地区開発計画」。東京都や鉄道会社などが駅や駅前広場、駅ビルなどを一体化して再整備する「新宿グランドターミナル」の一環となる。規模はＳ・ＳＲＣ・ＲＣ造地下5階地上48階建て塔屋1層延べ27万8900㎡。設計は日本設計・大成建設ＪＶが担当している。

10万㎡未満の案件では、東京都港湾局が20年度に進出事業者を公募した臨海副都心有明南Ｇ1区画と同Ｈ区画で建築計画がまとまった。Ｇ1街区はコナミリアルエステートが「（仮称）コナミＲ＆Ｄセンター新築工事」を計画している。施設名は「コナミクリエイティブフロント東京ベイ」。設計・監理は日建設計で、大成建設が施工する。

Ｈ区画にはテレビ朝日が「（仮称）有明南Ｈ街区プロジェクト」を清水建設の設計施工で整備する。テレビ朝日の決算説明資料によると、施設名は「東京ドリームパーク」となっている。

このほか、第一種市街地再開発は、板橋駅板橋口地区、小岩駅北口地区、道玄坂二丁目南地区、豊海地区

など計12件を計画している。前年度に比べて再開発案件は倍増した。

【北陸】

国道7号栗ノ木道路・紫竹山道路

新潟中心部の渋滞緩和で利便性向上へ計790億投入

　北陸地方整備局が所管する国道7号栗ノ木道路・紫竹山道路の整備が本格化している。

　両道路は地域高規格道路「新潟南北道路」の一部を構成しており、新潟市中央区沼垂東〜紫竹山までの延長2.1km。市街地部の慢性的な交通渋滞の緩和と交通事故の削減、中心市街地へのアクセス性向上、まちづくりの支援などを目的とする。いずれも1992年度に都市計画決定し、栗ノ木道路は2007年度、紫竹山道路は11年度に事業化した。

　22年12月に実施した事業再評価によると、栗ノ木道路は地表道路整備で既設の笹越橋（上部）を補強して活用する予定だったが、現行の耐震基準を満たしていないことが判明。そのため、対応策を比較検討し、工期やコストを考慮して架け替えることとした。

　紫竹山道路は、紫竹山ICランプの施工（推進工法による函渠工）に掘削範囲周辺への薬液注入などを追加する。

　高架橋の基礎構造の変更（杭の増加）や支障物の撤去・油対策、補償費の増加を上乗せすると、全体事業費は栗ノ木道路が約270億円から約450億円、紫竹山道路は約210億円から約340億円に増加する。事業期間は4年延長する。

【中部】

朝倉駅周辺整備事業

中街区で新庁舎整備に着手、設計は梓設計

　愛知県知多市は、名鉄常滑線朝倉駅周辺のにぎわい創出を目指し、南街区、中街区、北街区に分けて整備する朝倉駅周辺整備事業に取り組んでいる。

　中街区では新庁舎整備に着手した。規模は5階建て程度延べ約1万1000㎡を想定する。また約300台が収容可能な立体駐車場（S造3層4段）の整備も計画している。建設予定地は緑町25−1ほか。

　設計は梓設計が担当。技術提案書によると、市民交流機能の導入や自然の力の活用、基礎免震構造の採用などを提案していた。CM（コンストラクションマネジメント）業務は日建設計コンストラクション・マネジメント、オフィス環境整備支援はコクヨマーケティングが担う。

　基本設計を2023年12月まで、実施設計は24年9月までに終え、25年4月に建設工事に着手する方針だ。27年5月の供用を目指す。

新庁舎の提案イメージ図

また、中街区内にはホテル誘致も計画。22年度に実施したサウンディング型市場調査の結果を参考に、事業者募集の時期などを検討している。

　北街区は現庁舎の解体工事後に整備を進める方針だ。図書館や商業施設の設置を計画している。日本工営都市空間に支援業務を委託し、整備に向けてヒアリング調査などを進める。南街区は朝倉駅前駐車場を移転した跡地をマンション建設地として売却する予定だ。

【関西】

2025年大阪・関西万博

開幕まであと2年

　2025年大阪・関西万博は、2025年4月13日から10月13日までの184日間にわたり、大阪市臨海部の「夢洲」を会場に開かれる。開幕までちょうど2年となった23年4月13日、岸田文雄首相ら政府関係者参列のもと現地で起工式が開かれ、会場整備が本格化した。

　民間パビリオンは▷日本電信電話▷電気事業連合会▷住友EXPO2025推進委員会▷パナソニックホールディングス▷三菱大阪・関西万博総合委員会▷吉本興業ホールディングス▷パソナグループ▷ゼリ・ジャパン▷バンダイナムコホールディングス▷玉山デジタルテック▷日本ガス協会▷飯田グループホールディングス▷大阪外食産業協会——の13者が出展。各企業・団体が個性を生かし、いのち輝く未来社会の体験を提供する。

　海外からは153の国と地域が参加を表明。2025年日

大阪・関西万博会場俯瞰図　提供：2025年日本国際博覧会協会

本国際博覧会協会によると参加国自らがパビリオンをデザイン、施工を発注する「タイプＡ」パビリオンを50程度の国が出展する。公式参加国のパビリオンは全て会場中心に位置するパビリオンワールド（ＰＷ）内に整備する。

　このうち、海外パビリオンは前のドバイ万博の開催が遅れたことや、日本国内の資材価格高騰などの影響により整備に遅れが生じている。とくにタイプＡパビリオンについては、23年8月末時点で13カ国しか施工者が決まっていない。万博協会が整備するタイプＸパビリオンには同時点で5カ国が関心を示している。日本側のテーマ館についても入札不調などが相次いだが、23年8月上旬までにテーマ館8館の整備事業者が全て決まった。

グラングリーン大阪
拡大成長続く「キタ」

　大阪駅北側に位置し、都心最後の一等地と呼ばれてきたうめきた（大阪駅北地区）の2期開発「グラングリーン大阪」は、2024年夏の「先行まちびらき」と27

年度の全体開業を目指している。施設計画は南街区の賃貸棟（延べ31万4250㎡）と分譲棟（同9万3000㎡）、北街区の賃貸棟（同6万4200㎡）、分譲棟（同7万2600㎡）で構成。このうち南街区賃貸棟は設計を三菱地所設計と日建設計、大林組、竹中工務店が担当し、北街区賃貸棟は日建設計と竹中工務店が設計、施工は両棟とも竹中工務店・大林組JVが担う。敷地面積4万5000㎡の（仮称）うめきた公園は大阪市と都市再生機構が整備主体で基本設計は日建設計と三菱地所設計、実施設計は日建設計、施行は大林組・竹中工務店・竹中土木JVが担当している。

JR西日本と大阪ターミナルビルは同駅西側で「大阪駅西高架エリア開発」を建設中。規模はS・SRC造地下1階地上23階建て延べ約5万9000㎡。設計は東畑建築事務所・ジェイアール西日本コンサルタンツJV、施工は大林組・大鉄工業JVが担当している。24年秋開業を予定している。

一方、阪急阪神ホールディングスも大阪新阪急ホテル・阪急ターミナルビルの建て替えや阪急三番街を全面改修する「芝田1丁目計画」を計画。具体的な内容

うめきた2期開発「グラングリーン大阪」のイメージ

は明らかにしていないが、大阪新阪急ホテルについては24年度末に営業を終了させる。梅田の玄関口にふさわしい複合機能拠点の実現に向け、早期の事業化を目指している。

神戸三宮雲井通5丁目地区再開発
三宮再整備が本格化

　神戸では官・民による複数の開発プロジェクトが進む。JRと阪急、阪神、神戸市営地下鉄、ポートライナーの駅がある三宮ではバスターミナル、オフィス、ホテル、商業施設、ホール、図書館などが入る複合施設の建設がスタート。事業名は「神戸三宮雲井通5丁目地区第一種市街地再開発」で、規模はS・SRC造地下3階地上32階建て塔屋2層延べ9万8570㎡。特定業務代行者は大林組。設計は大林組、坂茂建築設計、東畑建築事務所、三菱地所設計が担当した。建設地は中央区雲井通5。2027年の竣工を目指している。

神戸三宮雲井通5丁目地区再開発のイメージ

JR西日本は（仮称）JR三ノ宮新駅ビルの建設に24年春に着手する。29年度の開業を目指す。規模は地下2階地上32階建て塔屋2層付き延べ約10万㎡。用途は商業、ホテル、オフィス。設計施工は竹中工務店・大鉄工業JVが担当。建設地は中央区雲井通8－1－2。

　神戸市は老朽化した市役所2号館について民間活力導入による建て替えを計画。22年8月にオリックス不動産を代表とするグループを事業者に決めた。その他のメンバーは阪急阪神不動産、関電不動産開発、大和ハウス工業、芙蓉総合リース、竹中工務店、安田不動産。協力企業として日建設計も参画。規模はS・RC造地下2階地上24階建て延べ約7万3000㎡。建設地は中央区加納町6－5－1。25年の着工、29年開業を目指す。

【中国】
太田川水系河川整備計画変更
洪水調節機能向上へ既設ダム有効活用＋新規ダム整備

　国土交通省は、広島県の太田川水系河川整備計画を変更し、太田川本川上流部で既設ダムの有効活用＋新規ダム建設が最も有効とする洪水調節機能の向上策を盛り込んだ。

　太田川水系河川整備計画の変更は、中国地方整備局太田川河川事務所が開催した「太田川河川整備懇談会」（座長・内田龍彦広島大学大学院先進理工系科学研究科准教授）で、計画段階評価案や住民意見意見募集結果等をふまえた変更案について審議するなどの手続きを経てまとめられた。変更の内容は、流域治水の具体的

取り組みを追加したほか、洪水調節機能の向上のために上流部で行ってきた調査・検討の結果にもとづいた方策を示している。

　洪水調節機能の向上策では、豪雨災害を含めた気候変動による降雨量増大を考慮し、太田川本川上流部に新規ダムを建設する。加えて既設ダムの有効活用を図ることで洪水時のピーク流量を低減させる。総事業費は約1700億円と試算している。

　地元からも治水安全度向上に対する期待は大きく、広島県の湯﨑英彦知事から斉藤鉄夫国土交通大臣に対して早期対策を求める要望書が提出されている。

　今後は、新規事業化に向けた手続きを進め、新規事業採択を経て、具体的な調査・検討などの実施計画調査に入り、建設着手を目指す。

【四国】
四国の水がめ　早明浦ダム再生
新たな放流ゲート整備し、洪水調整容量拡大

　水資源機構は、約400億円を投じて高知県本山町と土佐町にまたがる早明浦ダムの再生に取り組んでいる。同機構初のダム再生事業として2018年度に着手し、23年度から本体工事に入る。全体完成は28年度を予定している。完成すれば、ラジアルゲートは設計水深約80mとなり、国内2位の高水圧となる。

　早明浦ダムは1975年（昭和50年）4月に管理を開始。"四国の水がめ" として、貯水容量は西日本最大級の3億1600万㎥を誇る。気候変動などの影響による大雨に備えた洪水調節容量を拡大するために必要な放流設備

増設洪水吐き

増設洪水吐きの完成予想

を増設する。具体的には、9000万㎥ある現在の洪水調節容量を貯水池の容量配分を変更することで1億700万㎥に増やす。利水補給の運用を見直したことで生まれた700万㎥を洪水調節に振り替え、2022年7月1日から運用を開始している。さらに予備放流の導入により1000万㎥の洪水調節容量を確保する計画だ。

これらの変更により、洪水を迎える前の通常時のダム貯水位が下がり、現在のゲートの放流能力では不足することから、既設洪水吐ゲートより約30m低いダム堤体の中標高部を削孔して、新たに放流管3条を設置し、洪水吐きを増設する。関連工事となる「早明浦ダム再生事業増設洪水吐き工事」は大林組・佐藤工業JV、「増設放流設備工事」は豊国工業・佐藤鉄工JVが施工する。工期は7年。

【九州】
西日本シティ銀行本店本館建替
銀行、事務所、店舗の複合施設

　西日本シティ銀行は、同社保有ビルの連鎖的再開発の初弾として、銀行の本店機能やオフィス、商業店舗などが入る複合施設を福岡市博多区のJR博多駅前に建設する。福岡地所との共同事業で、市の容積率緩和制度「博多コネクティッドボーナス」の認定を受けた。内外装のデザインは3XN Architects（デンマーク）、設計は日建設計・大成建設JV、施工は大成建設が担当する。2023年11月ごろの着工、26年1月ごろの完成を予定している。

　このプロジェクトは「西日本シティ銀行本店本館建替えプロジェクト」。施設規模はS・RC・SRC造地下4階地上14階建て延べ約7万5678㎡。免震構造（地下3階柱頭免震）を採用する。地上では建物のコーナー部を持ち上げ、9階では切り込みを設けて建物のボリュームを分節する。また、鋸歯状化されたタイルとガラ

西日本シティ銀行本店の北東側イメージ

スの外装により光の反射を抑え、周辺環境に配慮する。敷地北東側には、大規模立体広場「コネクティッドコア」を整備して駅前の回遊性向上につなげる。

オフィスフロアは、博多駅前エリア最大級の基準階面積約1190坪のハイグレードオフィスとし、地下には高い音響性能を持った約400人規模のホールを設ける。このほか、優れた環境配慮技術の採用により「ZEB（ネット・ゼロ・エネルギー・ビル）Ready」の認証取得を目指す。

天神ビジネスセンター 2期計画
次世代オフィス建設、延べ6.2万㎡

福岡地所は、福岡市中央区の天神地区で「（仮称）天神ビジネスセンター2期計画」を計画している。天神一丁目761プロジェクト合同会社（福岡地所、九州電力、九電工で構成する特定目的会社）との共同事業で、市の容積率緩和制度「天神ビッグバンボーナス」を活用して次世代オフィスを建設する。基本・実施設計は前田建設工業・俊設計JV、デザインはOMAの重松象平氏。施工は前田建設工業・旭工務店JVが担当する。2023年10月ごろの着工、26年6月ごろの完成を予定している。

市庁舎北別館と隣接するメディアモール天神（MMT）の跡地を一体開発する。施設規模はS・RC造地下2階地上18階建て塔屋2層延べ約6万2932㎡。免震構造を採用する。施設の地下2階〜地上5階は吹き抜け空間とし、集客・交流機能などを配置。地下2階と地上2階で天神ビジネスセンターと接続する。6、7階に

内装付きオフィス、8〜18階にはハーフスケルトンのオフィスを設ける。オフィスフロアは基準階面積約750坪以上を見込む。

　建築基準法で定める水準以上の換気設備や自然換気スリット、72時間対応のデュアルフューエル非常用発電機などを導入するほか、優れた環境配慮技術の採用により「ZEB（ネット・ゼロ・エネルギー・ビル）Oriented」の認証取得を目指す。

天神ビジネスセンター2期の南西側イメージ

建設人ハンドブック2024年版
――**建築・土木界の時事解説**

発行	2023年10月11日
発行者	和田　恵
発行所	株式会社日刊建設通信新聞社
	〒101-0054
	東京都千代田区神田錦町3-13-7
	TEL.03-3259-8719　FAX.03-3233-1968
	https://www.kensetsunews.com/
ブックデザイン	工藤強勝＋板谷言葉＋舟山貴士
印刷・製本	株式会社シナノパブリッシングプレス

©2023　日刊建設通信新聞社　Printed in Japan
ISBN978-4-902611-94-6